信義文化基金會◎策劃

鄭伯壎・黃國隆・郭建志◎主編

大學館

【海峽兩岸管理系列叢書 I 】

海峽兩岸之企業文化

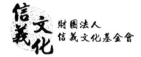

財團法人
信義文化基金會

A Sinyi Cultural Foundation Series: The Management in Taiwan and China

Volume 1: *Corporate Culture in Taiwan and China*

by Cheng Bor-shiuan, Huang Kuo-long & Kuo Chien-chih (eds.)

Copyright © 1998 by Sinyi Cultural Foundation

Published in 1998 by Yuan-Liou Publishing Co., Ltd., Taiwan

All rights reserved

7F-5, 184, Sec. 3, Ding Chou Rd., Taipei, Taiwan

Tel: (886-2) 2365-1212   Fax: (886-2) 2365-7979

YL*ib* 遠流博識網

http://www.ylib.com.tw

e-mail: ylib@yuanliou.ylib.com.tw

【*海峽兩岸管理系列叢書 I*】

海峽兩岸之企業文化

策　　劃／財團法人信義文化基金會

主　　編／鄭伯壎、黃國隆、郭建志

作　　者／王重鳴、戚樹誠、郭建志、陳千玉、陳正男、黃子玲、黃文宏、
（依筆畫序）　劉兆明、鄭伯壎

責任編輯／吳美瑤、賴依寬、陳永強

執行編輯／許邦珍、黃訓慶

發 行 人／王榮文

出版發行／遠流出版事業股份有限公司

　　　　　臺北市汀州路 3 段 184 號 7 樓之 5

　　　　　郵撥／0189456-1

　　　　　電話／2365-1212　　傳真／2365-7979

香港發行／遠流(香港)出版公司

　　　　　香港北角英皇道 310 號雲華大廈 4 樓 505 室

　　　　　電話／2508-9048　　傳真／2503-3258

　　　　　香港售價／港幣 93 元

法律顧問／王秀哲律師・董安丹律師

著作權顧問／蕭雄淋律師

1998 年 10 月 1 日　初版一刷

2000 年 12 月 5 日　初版二刷

行政院新聞局局版臺業字第 1295 號

售價 280 元　（缺頁或破損的書，請寄回更換）

版權所有・翻印必究　**Printed in Taiwan**

ISBN 957-32-3591-9

【海峽兩岸管理系列叢書 I】

海峽兩岸之企業文化

策 劃
財團法人信義文化基金會

主 編
鄭伯壎・黃國隆・郭建志

作 者
王重鳴・戚樹誠・郭建志・陳千玉・陳正男
黃子玲・黃文宏・劉兆明・鄭伯壎

目　錄

作 者(依筆畫序)

王重鳴：杭州大學心理學系教授兼管理學院院長及副校長
戚樹誠：台灣大學工商管理學系暨商學研究所副教授
郭建志：台灣大學心理學研究所博士候選人
陳千玉：政治大學心理學系碩士
陳正男：成功大學企業管理研究所教授
黃子玲：輔仁大學應用心理學系碩士
黃文宏：成功大學企業管理研究所博士班研究生
劉兆明：輔仁大學應用心理學系副教授
鄭伯壎：台灣大學心理學系教授

出版緣起

　　中國大陸自1979年實施改革開放政策以來，經濟快速發展，許多外商及台商對大陸市場的投資比重，隨著大陸對外開放的產業、地域範圍之擴大，而逐年增加。雖然兩岸人民屬同文同種，但兩地總體投資經營環境與企業文化却有很大的差異。此外，大陸投資的商機雖多，但台商經營失敗的例子亦時有所聞，其中對當地環境的了解與經營策略，乃是投資大陸市場的關鍵。

　　財團法人信義文化基金會從民國八十一年五月二十八日創立迄今，以推廣社會教育、學術研究及文化交流活動，進而宏揚優質文化、提昇生活品質、促進和諧人生爲宗旨。期望經由社會文化及教育活動，讓社會、企業與個人重新注入「信」與「義」之積極精神。在具體的工作要項上，乃以「信義文化精神」爲核心，透過「推廣企業倫理與組織文化」暨「促進兩岸與國際學術交流」四大工作方向，來達成基金會之使命。基於「促進兩岸學術交流」之工作要旨，基金會自1993年1月起即陸續主辦過：「海峽兩岸企業員工工作價值觀之差異」、「企業文化之塑造與落實」、「台灣與大陸企業文化及人力資源管理」、「華

人企業組織與管理」、「兩岸企業經貿與管理」等有關於兩岸人文、社會科學的學術研討會；以及委託國內知名學者專家進行有關：「大陸地區三資企業員工工作價值觀之研究」、「台灣與大陸企業文化之比較實證研究」等多項專題研究。同時，亦經常邀請大陸地區傑出學者專家來台訪問研究，以增進兩岸人民之了解與和諧關係之建立。在歷次調查報告、研討會之後，總是能夠獲得各界人士的熱烈迴響。

　　此次基金會出版《海峽兩岸管理系列叢書》，全套共分爲《海峽兩岸之企業文化》、《海峽兩岸之企業倫理與工作價值》、《海峽兩岸之人力資源管理》及《海峽兩岸之組織與管理》四冊，主要是針對企業文化與兩岸企業管理方面的議題，將過去舉行相關研討會、專題研究暨學術論文獎之論文精選，彙編成冊，藉以分享社會大眾，擴大兩岸學術交流的影響層面。出版此一叢書之意義，不僅是肯定基金會過去積極推動兩岸企業之互動與經驗交流所做的努力，更重要的是希望透過企業文化與兩岸企業管理之合作發展，共同研擬兩岸未來的方向，以作爲華人企業結盟與擴展的基礎。

　　感謝國立台灣大學鄭伯壎教授、黃國隆教授、郭建志先生於百忙中撥冗主持叢書之編輯業務，以及參與作業的吳美瑤、許邦珍、黃訓慶、陳永強、賴依寬等工作人員，特別感謝遠流出版公司王榮文董事長的大力支持，使本書得以順利出版發行，謹以誌意。

專文推薦

　　過去四、五十年來，由於全體台灣人民的勤勞奮發，使得台灣的經濟發展突飛猛進，百姓生活巨幅改善。然而，近幾年來由於台灣地區的人力與土地成本高漲，勞動力短缺，以及經濟自由化與企業國際化的趨勢，不少台灣企業紛紛向外發展，其中前往中國大陸投資設廠者尤其眾多。

　　台灣與大陸雖屬同文同種，但是海峽兩岸在政治上已分離分治達五十年之久，雙方在社會制度、經濟體制與生活方式上已有相當差異，使得許多大陸台商在經營管理上遭遇不少困難。

　　為了探討台商在大陸之經營管理問題，並增進台商對大陸經營環境之瞭解，信義文化基金會先後舉辦了「海峽兩岸企業員工工作價值觀之差異研討會」及「台灣與大陸企業文化及人力資源管理研討會」，邀請海內外相關領域的知名學者及台灣企業界的傑出人士共同發表研究心得與分享實務經驗。此外，在1996年更舉辦了「華人企業組織暨管理研討會」，探討促成華人地區經濟成長背後的組織與管理行為，以因應華人企業的全球化挑戰。

　　為了將上述研討會的成果與社會大眾共同分享，信義文化基金會乃決定將它集結成冊，贊助經費予以出版，以期在華人社會廣為流傳，並增進華人企業的經營效能。本人十分敬佩信義文化基金會董事長周俊吉先生的熱心提倡學術與文化活動，以及台灣大學商學研究所黃國隆教授與心理學研究所鄭伯壎教授、郭建志先生三人的精心策劃。今後希望能進一步透過華人社會學術界與企業界的共同努力，使得華人企業的經營管理能更上一層樓、華人地區的經濟成長更加耀眼。

統一企業集團總裁

全國工業總會理事長

讀後感言：
賀《海峽兩岸管理系列叢書》
的出版

　　本套《海峽兩岸管理系列叢書》乃將近年來由信義文化基金會所主辦的有關學術研討會發表之論文以及所委託的專題研究成果報告彙集成冊，再由信義文化基金會出版問世。本叢書和一般其他同類以管理爲主題的論著相較，其一基本特點，爲自文化或人文觀點探討當前兩岸所面臨的管理問題；同時，由於其選擇兩岸企業爲研究範疇或對象，又使這一叢書與一般文獻中所稱之「跨文化研究」（cross-cultural research）不同。鑒於叢書中所收論文與研究報告之作者，包括了台、港、大陸和美國各地之知名學者，無論在學術水準或見解深度上均有可觀之處。今經彙集成冊出版，不僅方便今後從事相關研究者之查考利用，相信亦將對具有我國文化色彩之管理研究方向產生重大影響。不禁使人對於信義文化基金會在這方面的眼光與默默耕耘精神，表示衷心的感佩。

　　在一般人的刻板印象中，將「企業」與「文化」二者相提並論，似乎格格不入。企業追求利潤，而文化追求價值；企業以成敗論英雄，而文化則探討較永恆之意義。事實上，這些只是表象上的差異。在本

質上，所謂企業的發展及其運作方式本身，代表人類社會為求生存與適應環境需要下的產物；依此意義，也就是文化演進下的產物。如果我們檢視構成企業的一些基本要素，如創業動機、群體合作、市場機制、利潤分配等等，無不與文化與有密切關係。學者每視企業為一種「社會技術系統」（socis-technical system），其中真正有趣的，而且和人發生直接關係的，乃在於其社會層面，而非技術層面。

基本上，企業的存在與發展，其最大的理由乃為社會創造「績效」（performance）。譬如人們常呼籲政府採取「企業化」方式運作，其涵義即在要求政府機關能夠秉持追求「績效」的原則推動各種政務。一般所稱，企業以追求利潤為目的的說法，只是一種虛構；企業所追求者，乃是「績效」，而利潤只是對於創造績效的報酬而已。但是，什麼是績效？這一問題的答案並非一成不變的，而是隨著時間和空間條件而改變。

譬如在經濟發展初期，企業所追求者，為生產產量之推增以解決供不應求之困境；但其後生產力大增，只是生產增多是不夠的，重要的是配合顧客的需求。再就顧客的需求而言，早期只是注重產品的價格低廉和經久耐用；然而今日卻喜愛「輕薄短小」之設計以及配合個人品味的不斷創新。

再就企業內之人際關係而言，早期所憑藉的乃是權威規範，而這種權威乃建立在家族倫理或層級職位之上。這種權威未必和任務的達成有直接的關係，同時往往是「屬人的」，造成僵化，和實際任務需要脫節。然而，隨著社會價值多元化，以及企業競爭對於創新的迫切需

要，傳統的權威來源和結構逐漸喪失其作用，被建立在專業主義和任務需要的權威所取代。

在過去幾十年中，有關企業的「治理權」（governance）問題一直飽受爭議。基本上，所謂「公有」、「私有」或「公營」、「民營」何者為優？在世界上有許多國家一直爭論不休，而且以不同型態付諸實施。這一爭議，到了今天雖未完全平息，但大體已有定論，此即為配合企業以創造「績效」為本質之前提，應該採取民有或民營型態，所謂「民營化」（privatization）已成為舉世一致的潮流。

然而這種民營企業，並非完全建立在「私有財產制度」上，只為其業主或投資者謀取利潤，而應負起種種社會責任，此時，一企業所應負責的對象，包括員工、顧客、社區、一般社會大眾，也擴及對於環境生態的保育等方面。這些責任之履行，有些已透過法律形式予以強制規定，但是更多的或更廣泛的，乃訴之於企業倫理的自我要求。

以上所概括描述的企業趨向，大致言之，代表整個世界性的潮流，恐怕也是海峽兩岸共同趨向。不過由於海峽兩岸企業的經營環境在過去幾十年間的發展歷程不同，自然造成目前狀況的差異，如今能透過諸如本系列叢書所呈現的比較研究，既可同中求異，也可異中求同！所獲得之深入了解，不但有助於管理理論的啟發，更可幫助實務工作者之實際應用。尤其面臨今後愈來愈多企業同時在海峽兩岸從事經營活動，這方面的知識必將有助於發展兼顧不同狀況下的組織管理需要。

個人有幸參與信義文化基金會所舉辦與本叢書有關之各項活動，

看到如此豐碩成果能夠編纂成冊以廣爲流傳，感到十分興奮，值此付梓前夕，特就個人所感，略綴數語以爲慶賀，並對熱心參與及籌辦研討會之先進，表示衷心欽佩。

中華民國管理科學學會理事長

前台灣大學管理學院院長

信義文化基金會董事

主編的話：
迎接華人管理世紀的來臨

　　做預測並不難，但要做準確的預測卻不容易，尤其在這個巨變的時代。十幾年前，大家並未能預測蘇聯帝國的解體，會如摧枯拉朽，竟在瞬間傾垮。也無法預測同是堅持社會主義路線的中國大陸不但改弦易轍，洞開門戶，而導致了蓬勃的經濟發展。更沒有人預測到，五千多萬非居住在中國大陸的海外華人，會成為一股強大的經濟勢力。結合了中國大陸廣大的市場、充沛的人力及遼闊的土地，大中華經濟圈迅速崛起。世界銀行已經指出：跨入二十一世紀之後，包括台灣、香港、大陸在內的大中華經濟圈的經濟規模將超越日本，直追美國，甚至可能躍居世界第一。

　　在這種轉變的背後，不管是學術工作者或是實務興業家，都想抓住歷史的機遇，大顯身手一番。尤其是海峽兩岸三地的經濟、組織及管理，更捕捉了許許多多人的眼光，形成一個世界性的話題。就學術旨趣而言，不論人們對大中華經濟圈崛起的現象抱持著何種態度，它都是值得研究的對象。追隨組織與管理學的大師韋伯（Max Weber）的足跡，人們不禁納悶：為何大師的論斷——中國無法產生資本主義

的主張竟是錯得如此離譜？於是各式各樣的論証出來了，不論是贊成或反對，都已交織出一片學術的榮景。尤其在東南亞金融風暴之後，大中華經濟圈的受創程度較輕，更將引發下一波的學術思潮。

在這當中，文化當然是最無法被人忘懷的。只有在特定的文化環境之下，制度才能奏效。然而，文化指涉的是什麼？制度又扮演了何種角色？不管文化也好，制度也罷，最重要的是，彰顯文化與制度特色的廠商行動。只有透過人的行動，才能突顯出文化與制度的關鍵性效果。的確，問題的核心在人，人是制度、政策、結構及文化的載體。雖然制度與文化有其一定的決定性，但制度、文化如何落實到人的身上，人與結構又如何發生互動，而對經濟活動產生影響？只有對這些問題加以探討，才能彌補制度、文化與經濟活動之間的斷裂。

其次，從微視的觀點來看，海峽兩岸三地在經歷五十年以上的分立、分治之後，其間又各自擁有不同的歷史體驗，社會文化傳統所產生的型塑效果自是不一。因此，所展現出來的經濟活動與經濟行為也可能有所不同。如果傳統文化具有抵禦外來衝擊的硬殼，則海峽兩岸三地或各華人社會所展現的價值觀將是相似大於相異，並與西方具有清楚的分野。如果傳統文化抵擋不住現代化的型塑，則海峽兩岸三地或各華人社會由於各自的發展進程不同，而可能擁有不同的管理體系；但最後將在全球化的趨勢下，逐漸拉近彼此的距離。究竟文化的衝擊較強？抑是體制的影響較大？確實是值得討論的。當前者為真時，則關係、人情、權威、家族等華人傳統價值觀，將導出另一類的組織與管理的重大議題，並建構出一套與西方迥然不同的管理學術體

系。如果不然，則有效的管理手法將在全球化的浪潮之下，日趨一致。

第三，歷史事件的出現雖然常是偶發的，但歷史機遇的掌握，則是人為的。一旦抓住機會，將可以進一步創造歷史。例如，合資企業（joint venture）的出現是一種歷史的偶然，但做為一種新的組織類型，將可吸引有心的學術工作者投入，一方面滿足人類求知的好奇心，另一方面對傳統的組織理論有所增補。

無獨有偶的，台商、港商及其他華人企業的國際化所帶出的「家族企業全球化」的戲碼，也將吸引不少捧場的觀眾。另外，被英國《經濟學人》雜誌稱許為抵抗金融風暴利器的台灣式的產業垂直分工，亦已經為下一世紀的組織間網絡的興起做出預告。凡此種種，均說明了華人組織與管理的研究之路是如此的寬廣與絢麗。

從實務旨趣而言，全球化的興起以及大中華經濟圈的形成，在在擴大了企業家與企業人士的活動範圍。或跨海西進、三地分工；或深入不毛、遠走他鄉，都使實務工作者有重構企業版圖的機會。於是許多從來不存在或以往被忽視的課題，就顯得重要：例如，管理可以移植嗎？許多實務工作者都得理解：當一項在台、港或某一地區被證實是成功的管理制度，在什麼樣的條件下，才可以移植到其他諸如中國大陸的地區？要如何做，管理制度才能發揮其既有的效果？取法乎上（尊重總部）或取法乎下（尊重本地）將構成跨國（或跨地區）企業策略性思考的主軸。就如一鳥在手，死與放飛之間，都將是華人實務工作者「摸著石頭過河」的嶄新經驗。當然類似海外派駐與海外人力資源管理的議題也將一一浮現。國際企業管理或許是下一波華人企業

家主要學習的課題,也是創新管理技術的主要舞台。

自從一九八四年(民國七十三年)國立台灣大學心理學系與中國時報舉辦「中國式管理研討會」以降,海外針對華人組織與管理的研討頗多,均想帶出具有華人本色的管理與實務,從X、Y、Z理論邁向C理論。可惜的是,首開風氣之先的台灣却反而躊躇不前。就在薪火將熄之際,幸賴信義文化基金會義無反顧,扶傾濟危。從一九九三年之後,每年舉辦華人管理議題的研討,召集海內外識見卓越之士,齊聚一堂,共同討論。目前已歷五屆,主題包括海峽兩岸之工作價值、企業文化、組織管理及經貿往來,討論精彩,鞭辟入裡。當鄭伯壎教授於英國劍橋大學訪問時,呂源教授提議,各主題的論文水準均屬上乘,何妨編輯成書,發行海內外。一方面可以提升學術研究水準,對管理實務有所助益;一方面也可推廣信義企業集團的「信義精神」。於是我們乃向信義文化基金會提議,基金會不但欣然同意資助出版,而且也獲得了遠流出版公司的鼎力相助。經過多次的討論之後,我們決定先編纂四冊,分別為海峽兩岸之企業文化、企業倫理與工作價值、人力資源管理以及組織與管理。我們十分感謝周俊吉先生與王榮文先生兩位企業精英,更要特別向編輯工作小組的諸位成員:吳美瑤小姐、許邦珍小姐、賴依寬小姐及陳永強先生致上最崇高的敬意,她(他)們已為團隊工作樹立了完美的典範。

幽默大師馬克吐溫曾說,一個動手抓住貓尾巴,把貓拎回家的人,所獲得的啟示,十倍於在旁邊觀看的人。我們是旁觀者,雖然我們也看得仔細,但我們更感佩那些動手抓貓的企業人士。二十世紀即將落

幕，讓我們一起迎接華人管理世紀的來臨，共創華人管理美好的未來。

謹識

於國立台灣大學

海峽兩岸組織文化
之比較研究

鄭伯壎

台灣大學心理學系

〈摘要〉

　　自從中國大陸改革開放以來，已經有不少台商陸續登陸彼岸，展開了跨地分工的生產模式。許多台灣企業在海峽兩岸都各有生產單位、都有完整的功能部門，唯一不同的只是技術層級、產品附加價值及資本密集程度有所差異而已。在此模式當中，值得探討的問題厥為：做為台灣經驗主軸的管理模式是否能夠移植到大陸？台灣公司的企業文化能否貫穿地域的不同，而型塑大陸分支機構的企業文化？

　　從巨視的觀點而言，過去的研究大多認為大陸、台灣、香港、新加坡，甚至韓國、日本，由於受儒家傳統的影響頗深，而具有類似的社會文化價值。然而，從微視的觀點而言，海峽兩岸在經過四、五十年的分離分治之後，政經背景與社會制度的迴異，應該導致文化的殊異；同時，社會文化的殊異性將也限制了組織文化的穿透力。為了回答上述問題，並解決爭論，本研究蒐集了11家台灣企業、9家台灣大陸企業、以及29家大陸企業2213位員工的資料，從地域、產業、及組織的層次探討兩岸在社會文化、組織價值及時間觀上的異同。結果發現：⑴在社會文化上，兩岸除了恩義取向沒有顯著差異之外，其餘家族取向、權威取向、人情取向及他人取向均有差異，尤其是家族取向與他人取向更為顯著；然而五種社會取向的剖面圖卻極為類似，顯示海峽兩岸間的社會文化趨勢類似，但程度卻有所差異。⑵在組織文化上，海峽兩岸在團隊取向、安定取向、績效取向、敬業取向及時間觀的同步取向均有差異，此差異又以電子業最為顯著。⑶以差異較為顯著之社會文化與組

織文化向度為準，進行群聚分析之後，可以進一步發現海峽兩岸的企業組織確實擁有不同的企業文化群。(4)具有強勢企業文化的台灣企業與其大陸分支機構可以形成共同的企業文化群。(5)鄉鎮企業在外部適應與內部整合企業文化上，與國營企業隸屬於不同的文化群，而與台灣本地企業極為接近。由此，可以看出鄉鎮企業相對優越性。

　　此結果說明了海峽兩岸的文化價值，在本質或巨觀趨勢上，沒有太大的不同，有的只是程度上的差別而已。因此，透過密集且持續不斷的組織社會化歷程，台灣所發展出來的主要企業文化價值仍然極具穿透性。其次，對大陸企業而言，鄉鎮企業在適應市場競爭、因應環境變化及整合內部共識上要較國營企業有效。最後，討論了本研究在理論與實務上的涵義。

前 言

　　台灣在經濟經過三、四十年的發展之後，已經逐漸由開發中國家
邁入已開發國家之林；企業組織也由輕、薄、短、小、欠缺制度的狀
況之下逐漸茁壯，不但營業額上升，從業人員倍增，而且亦有國際化
的趨勢。然而，在累積了可觀的財富之後，台灣企業面臨了從業人員
工資上升、土地取得不易、勞動力資源短缺等諸般難以解決的問題，
使得台灣企業不得不向外發展。基於勞動力充沛、工資低廉、同文同
種及改革開放政策的吸引，許多廠商採取東進政策，選擇了中國大陸
做爲海外投資的據點。此一趨勢在九〇年代後更爲明顯，根據大陸官
方的統計，台灣企業對大陸的投資，在1988年只有300多家，金額約4
億美元；但截至1992年爲止，已增至10000多家，金額高達100億美元
以上（陳玉璽，1994；鍾琴，1990）。

　　隨著兩岸經貿往來的頻繁，協調機制的建立，台灣與大陸已具有
「跨地分工」的雛型——台灣企業把技術較高的研究開發、設計及附
加價值較高的業務留在台灣，而把技術層次與附加價值較低的業務移
往大陸，而形成「垂直分工」的模式。此一模式與許多香港廠商直接
把製造業務或生產線收掉，只剩下管理或貿易部門的「關聯服務」模
式並不相同（林祖嘉，1993；陳玉璽，1994）。換言之，許多台灣企業
在前往大陸投資之後，在海峽兩岸都各有生產單位、都有完整的功能

部門，唯一不同的只是技術層級、產品的附加價值、及資本密集的程度有所差異而已。既然如此，台灣企業對海峽兩岸企業的跨國管理就成為一個重要而饒有意義的主題：過去創造台灣奇蹟的經營模式是否可以移植到大陸？台灣的組織概念適用於大陸嗎？台灣母公司的組織文化是否可以貫穿到大陸的子公司？

上述問題，事實上牽涉到管理移植的一個核心爭論——收斂與發散的爭論（convergence vs divergence debate）。雖然台灣進行跨國投資只是最近幾年的事情，但對許多開發國家而言，跨國企業已存在一段時日，跨國經營所面臨的問題，也多所討論。其中關於企業經營模式是否適用於其他文化的經營議題，不但討論頗多，而且爭論極大：一派認為合理或有效的企業經營模式是放諸四海皆準的，並不受文化的影響（如Child & Tayeb, 1983；Levitt, 1983）；而另一派則認為經營管理實鑲嵌（embeded）在該地區或國家的文化背景之下，任何有效的經營模式都會因文化而異（如Hofstede, 1980；England, 1975）。前者即所謂的收斂假說（convergent hypothesis），後者則稱為發散假說（divergent hypothesis）。

收斂與發散的爭論

□收斂假說

論及收斂假說的主張，可以上溯至費堯（Fayol, 1916）的十四大管理原則，他認為這些原則具有普遍性的意義，為了履行管理的功能，

經營者必須確實遵守此十四大原則。後來的管理功能論者（managerial functionist）更因此發展了各種管理功能，例如Gulick（1937）的POSD-CORB包括了計劃（Planning）、組織（Organizing）、用人（Staffing）、指揮（Directing）、協調（Coordination）、報告（Reporting）及預算（Budgeting）。這些功能是跨越文化、不受地域影響的。即使後來所從事跨文化比較管理的研究者，也都獲得管理模式不受文化或地域影響的結論：認爲雖然每個地區的工業化程度不同，組織環境有異，但管理原則並無畛域之分；甚至爲了促使未開發地區或貧窮國家變得富裕、繁榮，就不得不採用美國或西方國家的「管理鐵則」，否則將徒勞無功（如Farmer & Richman, 1965；Haire, Ghiselli, & Porter, 1966；Negandhi, 1979）。

　　另外，一些研究者則從競爭優勢的角度來處理管理模式是否可以移植的問題：強調在全球競爭的壓力之下，技術發展層次、市場多元化、大量生產等實是主導競爭力的重要要素，這些要素的滿足並不易受到文化的影響。因此，文化對管理的作用不大（如Child & Tayeb, 1983；Porter, 1985）。何況在全球化與科技突飛猛進的趨勢下，不同的文化偏好與社會價值的距離將逐漸縮短，而導致主要的組織變項與管理作風的雷同（Hickson, McMillar, Azumi, & Horvath, 1979）。

□發散假説

　　相反地，發散假說則主張管理是一種組織與環境互動下的社會建構（social construct），環境會因所處的地區或國家而異。因此，各國勢

必依照自己的國情與文化特色，發展自己的管理概念與經營方式。至於所淬煉出來的管理概念或方式，是否能移植到其他地區去，也需做進一步的檢證。顯然地，這個假說的主要前提是各國的文化或經營方式是有所差異的，為了證實此點，許多研究者進行了頗多的比較管理研究，並發現各國之間確實在管理目標（Bass & Eldridge, 1973）、管理價值（England, 1975）、管理假設（Laurent, 1983）上有所差異。其中最著名且影響力最大的研究，應屬Hofstede（1980）對IBM員工文化價值的研究。

此研究首先掌握四種主要的文化價值，包括個人主義／集體主義（individualism/collectivism）、權力距離（power distance）、不確定性的逃避（uncertainty　avoidance）及男性化／女性化（masculinity/feminity），並以IBM 40幾個國家分公司的員工為研究對象，結果發現文化差異確實是存在的，利用上述四個文化價值可以有效區分東、西方或不同地區或國家間的差異。此外，某些國家之間的差異較小，某些國家則較大，而形成不同的文化群（cultural cluster）。這些文化群大約包括英美、南歐、北歐、日本、東亞、南美等諸類組型。雖然此研究的工具可能存有信度上的問題，但結果卻是眾所矚目的，使得異文化間的管理比較、與尋求溶入當地文化情境的組織管理研究變得熱烈。

究竟收斂假說與發散假說哪個較為正確，截至目前為止，尚未有肯定的結論。顯然地，問題本身也許不在差異的比較，而在於何種狀況下會導致管理的相似性，而在何種狀況下又需強調其殊異性（Adler,

1983)。更具體來說，在什麼樣的條件下或牽涉何種文化內涵或情境脈絡，會促使地區或異文化之間產生歧異？Child（1981）在一篇評論文化、權變（contingency）及資本主義對組織管理效果的文章中指出：重視巨觀分析的研究者或探討巨觀變項的研究者通常會注意到異文化地區間的相似性；但持微觀分析的研究者則較持殊異性的看法。因此，分析層次（level of analysis）可能是影響因素之一。另外，也有實務工作者強調：管理有95％是雷同的，只有5％才有文化差異，但這5％的確是很重要的（Fujihara, 1936）。換言之，文化是否有影響，端視管理性質而定，有些管理內容或功能較容易受文化影響，有些則不易受文化影響。例如，技術、製程、工程、成本等項目受文化的影響較小，員工的行為模式、企業文化則受影響較大（如Aiken ＆ Bacharach, 1979）。可見管理內容也是影響普遍性或殊異性的因素之一。因此，比較管理研究應先釐清分析層次與管理內容：在微觀層次或人類行為、企業文化宜強調管理的殊異性；但在巨觀層次或技術、工程、成本上，則可聚焦於普遍性的強調。既然如此，則在進行海峽兩岸之組織文化的探討上，似乎可用組織做為分析單位，進行組織文化差異的比較。

海峽兩岸具有共同文化群嗎？

　　過去，學者對東亞文化的分析，常將東亞諸國視為同一文化群，強調此文化群具有強烈的家庭意識、尊親敬長、重視子女教育、勤奮節儉、關係取向，並講求物質主義（materialism）（如Hofheinz & Calder, 1982）。因此，南、北韓、日本，台灣、香港、新加坡、中國大陸基本

上是相似的。至於Hofstede (1980) 在《文化後果》(*Cultural Consequence*) 一書中，則認為東亞有兩大文化群，一為高度開發的日本，一為開發中的香港、新加坡、台灣及韓國。雖然如此，這兩大文化群的確有某種程度的類似。這種共通性，有些人乾脆就稱之為「儒家遺產」或「儒家傳統」(如Redding & Hicks, 1983)。基於儒家傳統，使得東亞諸國有較高的經濟成長。

然而，在做進一步微觀分析時，不禁要懷疑東亞諸國真的有一個共通的儒家文化群嗎？東亞只有一個文化群嗎？每個國家似乎都各有其傳統的歷史背景、有其應該適應的環境，在這當中，難道沒有殊異性嗎？例如，日本與南韓由於與其本身固有的宗教具有密切關係，而有強烈的集體精神；但中國人卻停留在家族主義與個人主義，而像一盤散沙一樣；香港與新加坡都具有「英國經驗」，受英國的管理教化頗深，這些獨特的意識型態或文化理念結構都會左右了當地的管理方式，因此宣稱同一文化群是容易以偏概全的 (傅偉勳，1989)。

姑不論東亞有幾個文化群，研究者較關心的則是台灣與大陸是屬於同一文化群嗎？抑是不同的文化群？海峽兩岸在經過四、五十年的分離分治之後，是否仍然具有類似的社會文化？如果文化遺產具有抗拒外來衝擊的硬核，則文化傳統或文化遺產將是不變的，因此兩岸應具有共同的文化，而屬同一文化群，這應是「文化給予論」(given culturalist) 的典型想法。然而，如果文化是導來的、轉化的 (derivative)，則社會文化應該會因地理環境的殊異、政經背景的不同、科技發展的高低、及其他種種情境脈絡的影響，而發生變遷，並導致差異 (Harrell,

1982)。從此一觀點來看，海峽兩岸由於政經背景、社會結構、技術層級及工業化程度的不同，將導致社會文化的歧異。

究竟孰是孰非，顯然不是容易回答的問題。不過研究者認為雖然文化不是快速變遷的，但也不應該是完全不變的，而應是緩慢演化的。因此，在海峽兩岸分離分治四、五十年之後，雖然兩岸在過去擁有共同的文化遺產，但可能因為經濟體制、政治背景、及社會制度的不同，而各自擁有不同的文化價值，並促使組織文化與經營實務產生差異。

海峽兩岸體制的差異

□經濟體制

1949年共產黨取得中國大陸政權，國民政府退居台灣之後，海峽兩岸的經濟體制就極為不同。以台灣而言，經濟政策初期是採用黨國資本主義，由政府主導經濟發展，但亦鼓勵私人興辦企業。經濟發展階段約略可分為戰後重建期（1950～1959）、出口擴張期（1960～1969）、第二次進口替代期（1970～1979）、自由化與國際化時期（1980～1990）（謝森中，1993）。在戰後重建期，主要是要化解糧食短缺、外匯短缺、通貨膨脹之困境，除了採用耕者有其田政策提升農業生產力之外，亦選擇勞力密集產業做為發展工業重點，俾替代進口。出口擴張期乃為因應國內市場飽和、生產設備過剩之問題，全力拓展外銷市場，此一出口導向策略實為台灣經濟發展的關鍵（如Kuo, 1983；劉進慶，1975）。第二次進口替代期主要是發展重化與零組件等上游及資

本密集工業為主，取代上游原料之進口。自由化與國際化時期，則積極放寬進口之自由化措施與國際資本移動，並朝向高科技產業發展。

　　在台灣經濟發展的過程中，具有幾個重要的特色：第一、政府以各種方式對經濟部門進行干預，主導整個國家之經濟發展；但也引導與鼓勵私人企業之發展，是屬於一種政府引導式的發展策略（government-guided development strategy）（Gold, 1986）。通常政府會制定產業政策，誘導民間部門投資，並發展新興的產業，但對市場機制仍具有某種程度的尊重。第二、外銷導向：除了少數公營或原物料產業供應國內市場之外，產業政策均鼓勵企業出口產品，在國外市場上與別人競爭，期創造外匯，累積更多資本。第三、引進外資：為了吸收外國資本與技術，採取開放態度，引進外資企業進入台灣，一方面獲得較先進的生產或服務技術，一方面亦可提高管理技能（Gold, 1986）。第四、財產私有：配合儒家傳統對財富的追求，鼓勵私人興辦企業，以激發企業家的創業精神，並運用財產私有做為重要的激勵手段（Fuller & Peterson, 1992）。在經濟發展的過程中，台灣這方面的表現是相當傑出的，而擁有豐沛的創業家資源以及為數可觀的中小企業（涂照彥，1995；佐藤幸人，1993）。第五、重視管理效能：為了提高企業的營運績效、改善產品品質、降低成本、及提高獲利能力，政府與業界均十分重視管理知識的獲取及管理技術的提升，而可因應經濟擴張的要求（Chang, 1968），也因此商人階級的地位獲得了與中國歷史上截然不同的評價。

　　總結而言，台灣經濟的體制實肇因於傳統儒家精神與西方資本主

義的緊密結合，此一發展與中國大陸在1978年改革開放以前所走的道路是完全不同的。大陸所採用的制度是反儒家傳統的馬列式社會主義經濟型態。中國大陸在改革開放前的經濟約略可分為二個階段：戰後改革期（1949～1956）與中央控制期（1957～1977）（陳勝昌，1986）。戰後改革期主要是採用蘇聯的經濟模式，除了逐漸把經濟從戰爭的創傷中恢復過來之外，亦促使私人與外資企業國有化，以邁向高度集中的統一經濟模式。其作法是由政府掌握供給與銷售兩大機能，切斷企業與供銷市場間的連繫，變成單純的產品生產者或商品的銷售者。至1956年為止，所有的企業，包括製造、服務、金融業，均已完成國有化，全國變成一個大車間，完全由中央調控。

　　中央控制期的集中統一經濟政策，把企業視為國家機器的附屬零件，同時由於與蘇聯交惡，逐漸發展出敵視外國的鎖國政策。在此時期，企業的經營目標、生產計畫、原物料供應、機器設備、產品銷售、企業員額、員工來源以及員工薪資均由國家決定，企業被種種限制束縛，所謂「企業皆國家、快慢任自然」；不但企業經營者不必負責任，員工也一起吃大鍋飯，盈虧是國家的事，而偏離了企業的本質。另外，對外經濟交流中斷，所謂對外貿易部被指為賣國部，新技術、新設備的導入皆中斷停頓；對外輸出則被指為投降賣國，而導致經濟發展停滯不前。此時，政治狂熱與精神力量壓倒一切，經濟路線已完全偏離。

　　總括改革開放前的大陸經濟體制，可以用政府完全的控制、內需導向、鎖國、財產公有、輕視管理等特性來說明。由於採用中央控制的計劃經濟，根本不容許私人企業存在，產權均為國有，生產目標均

由國家指派，產品由國家統購、統銷，將管理視為「萬精油」專業，鄙視管理，敵視外資、外來技術，而產生以下的問題：不需要的產品生產過剩、需要的產品產量不足、決策牛步化、企業虧損嚴重、「先進企業」吃偏飯、走後門（Tung, 1989），使得全國經濟陷入困境。

　　因此，在1978年之後進行徹底的經濟改革，採取「調整、改革、整頓、提高」八字方針，開始開放市場自由交易；權力下放、讓企業有更大的自主權、簡化行政手續、採用經濟手段、允許私人企業或個體戶存在、提高物質激勵、對外做漸進的全方位開放、輸出導向（如張紀潯，1995；Tung, 1989）。這樣的作法雖然已類似西方已開發國家或台灣的作法（Laaksonen, 1984），但政府的宏觀調控權仍然極大，國營企業佔有極重的比例，市場屬有限度的開放，企業仍需背負某些社會福利與黨國政治的責任。

□政治社會體制

　　韋伯（Max Weber）在《經濟與社會》一書中曾經表示：「社會主義所需要制度化的程度遠較資本主義為高」，理由是資本主義社會中，經濟活動是透過看不見的手──市場的運作，但在社會主義的情況下，經濟活動則要靠看得見的手──國家來調節（李南雄，1986）。相對而言，大陸政府對經濟的干預就要較台灣政府高出許多，政治對整個社會的影響力不僅大，而且無遠弗屆。

　　從歷史角度來看，早期台灣在國民政府的領導下，本欲建立一軍事政府準備反攻大陸，而採取強勢政府的作法：政府將過去的財閥企

業併入政府企業，並迫使地主階級接受土地改革政策，嘗試建立政府的正當性。然而，在反攻大陸成為遙不可及的夢想時，則開始採「以民休息」、「藏富於民」的理念，開創一穩定、長期的政府（Hamilton & Biggart, 1989；Gold, 1986）。這個政策使得人民能夠在鬆綁的狀況下掌握商機，並逐漸累積個人財產，而造就了許多鬥志昂揚的中小型企業以及為數可觀的中產階級。此一作法間接促成了以後台灣政治民主化的契機，不但反對黨迅速崛起，輿論開放，而且透過投票選舉，台灣已逐漸形成一個民主化的社會。

　　至於中國大陸，截至目前為止，仍然堅持無產階級專政，主張透過中國共產黨的領導，勞動階級能夠當家做主。中國共產黨不但是領導政黨，而且黨支部遍及工廠、學校、街坊及軍隊。在工廠裡面，除了工廠委員會之外，另有黨委會，黨書記的權力甚至比廠長要大。改革開放之後，雖然黨委書記較不管工廠管理之事，但仍有督導工廠是否依照黨的政策或政府法令進行生產的權力（Tung, 1989）。其次，則強調民主集中制，亦即雖然一方面允許民主，但亦中央集權，以保證十億人民是一體的。因此，個人必須服從組織、少數要服從多數、低階須服從高階、全黨要服從中央委員會，而使得中央政府的權力無限制擴大。1977年之前，由於以階級鬥爭為黨的主要路線，採「鬥、批、改」的方針，而擴大了不同階層、不同派系、不同群體間的矛盾，造成了人際間的緊張關係，使得和諧、倫理等傳統價值受到破壞，人與人之間變得無法互相信任。

　　從企業組織的角度來看，中國大陸的企業並非是單純的經濟組

織，除了負責生產、提供服務之外，還得兼管一些政府的業務，包括
戶口登記、教育、社會福利、人口控制、保安、兵役、糧食的配給等；
也須扮演政黨的功能，不但是共產黨的基層單位，推動政黨業務，也
必須兼管群眾組織，例如工會、婦女會等。另外，企業也是社會福利
團體，舉凡員工的生老病死、基本生活的照顧，都是企業的責任。因
此，企業內的工作職位與社會福利關係頗為密切，而非單純的經濟活
動角色（李南雄，1986）。由此可見，台灣與中國大陸在政治社會體制
上仍然大不相同。有關海峽兩岸在經濟、政治及社會體制上的差異，
如**表一**所示。

海峽兩岸的社會文化差異

　　根據以上的分析，海峽兩岸在經過四、五十年的分離分治之後，
雖然有共同的文化遺產，但因為政治、經濟及社會體制的歧異，造成
當前社會文化價值的不同。針對此一論點，並未有任何一個研究進行
實徵性的探討。然而，從間接的研究結果，仍可透露出一些訊息，雖
然這些研究有其限制。這些間接的研究包括Hofstede（1980）、Chong,
Cragin, & Scherling（1983）、Lai & Lam（1986）、Birnbaum & Wong
（1985）的研究。在比較上述的研究之後，可以發現海峽兩岸經理人
在個人主義、權力距離、不確定性的逃避及男性化等文化價值上有所
差異：以個人主義而言，中國大陸的樣本比台灣傾向個人主義；以權
力距離而言，兩者差異不大，權力距離的得分都偏高；以不確定性的

表一　海峽兩岸在經濟、政治及社會體制上的差異

項　目	台　灣	大　陸
經濟體制		
經濟型態	資本主義	社會主義
產權所有	私有制	公有制
政府角色	政府有限涉入	政府完全掌控
企業類型	私營企業比重大	國營事業比重大
政治體制		
意識型態	弱	強
政黨類型	多黨制	一黨專政
正當性	自由選舉	繼承傳統
政黨控制	獨立於各式組織	深入各式組織
言論自由	開放	限制
社會體制		
社會福利	社福機構	服務單位
階級關係	階級和諧	階級鬥爭
社會階級	中產階級為主	勞動階級為主

逃避而言，大陸稍微比台灣高，表示大陸比台灣傾向穩定、害怕求變求新；以男性化而言，大陸比台灣低，表示大陸較強調互相依賴、直覺及平凡。雖然各研究因樣本的不同，包括北京、武漢及廣東，而可能有所差異，但趨勢大致如此。

　　另外一個研究，則比較了大陸、香港及台灣的經理人對物質主義（materialism）、時間取向、權力距離、個人主義和不確定性逃避的看法，並採用測量恆常（measurement invariance）的統計方式，消除測

量工具因國別而異的問題，結果發現在個人主義與不確定性的逃避上，大陸與台灣未有顯著差異，但在物質主義上，大陸顯著高於台灣，表示大陸經理人較渴求物質獎勵；而在時間取向上，則台灣高於大陸，表示台灣經理人較重視時間；至於權力距離，則大陸高於台灣，表示大陸的領導者權力較大，部屬較害怕意見與老闆不同（Cheng & Chow, 1995）。

顯然地，上述的研究結果並不一致。不一致的理由除了彼此的測量工具不同、樣本有異之外，上述研究基本上牽涉到幾個重要的問題：第一，在概念上，上述研究都是根據Hofstede（1980）的架構而來，Hofstede的架構是以西方本位（etic）的想法來界定文化，是否能反映華人文化的本質是存疑的。第二，在測量工具方面，工具的信度與效度都有問題（Yeh, 1989）：以Hofstede測量四個文化向度的題目而言，不但題數不多，而且對港、台樣本的施測是以英文爲主的。研究顯示：對題意的掌握，不同母語者的解釋可能不同（如Tung, 1989）。Cheng與Chow（1995）的研究，也具有類似的問題，每個向度的題數都在3題以下。

因此，對華人社會文化的掌握，應該以華人本位（emic）爲主，方具有內在的可理解性，進行比較時，亦不致引起誤會或產生理解不清的情形。什麼概念是理解或描述華人社會文化的重要關鍵？根據楊國樞（1992）的分析，在人與環境的互動當中，華人傾向於與環境融合，而非獨立自主，而形成人境融合或天人合一的類型。在生活圈中，個體特別重視與社會環境建立關係，且保持和諧，此一傾向稱爲社會取

向(social orientation)。社會取向包括四大類的主要特徵,即家族取向、關係取向、權威取向及他人取向。家族取向說明了個體與團體（**尤其是原級或次級團體**）的融合,關係取向說明了個體與個體的融合,權威取向說明了個體與團體的融合,他人取向則說明了個體與其他非特定個體的融合。顯然地,在了解中國人的社會文化時,社會取向的概念是較爲貼切的。

究竟海峽兩岸在社會取向上是否有所差異?根據前面對政治、經濟及社會制度的分析,答案應該是肯定的。然而,差異所指涉的究竟是台灣高於大陸,抑是大陸高於台灣,則有不同的推論:以工業化假說而言,認爲社會取向是屬於農業經濟與社會的產物,在現代化的過程中,農業社會逐漸過渡爲工業化的社會,於是社會取向勢必失去其原有的強度。以海峽兩岸而言,台灣的現代化程度高於大陸,因此,社會取向的程度應該較大陸爲低（**如楊國樞,1992**）。但以文化塑造的假說而言,雖然工業化對社會取向可能有影響,但影響效果不如人爲的塑造或破壞。以大陸而言,經過長期對傳統文化的破壞或改造,社會取向應該較低;相反地,以台灣而言,政府對傳統文化仍保持適度的尊重,甚至提倡復興傳統文化。因此,即使現代化對傳統文化有所衝擊,但相形之下,台灣的社會取向仍然要較大陸爲高（**如Hamilton & Biggart, 1989**）。基本上,我認爲現代化對社會取向的弱化應屬緩慢漸近的,但人爲的塑造卻是較強而有力的。因此,海峽兩岸在社會取向的文化向度上應該是台灣要顯著高於大陸。

□社會文化、產業文化與組織文化

　　既然企業組織是鑲嵌（embeded）在當地的社會中，則社會文化與產業文化自然對組織文化發生影響。然而，什麼是社會文化、產業文化與組織文化呢？社會文化是指為社會成員所廣泛接受的價值，在前面已經指出社會取向的價值實為華人社會的基本社會文化。

　　產業文化則指某一產業所持有的共同價值規範。這種價值規範實基於兩大來源，第一、產業公會為規範各企業而制定的各種正式規章與約定；第二、產業內所流傳的「企業成功」所獲致的共享經驗，此經驗指出了產業內的企業要遵循何種原則，方能立於不敗之地。換言之，各產業有其共通的環境，包括資源的取得、市場狀況、科技的層級、競爭的情形等，使得產業內的各種企業組織形成類似的功能、生產方式及價值（Gringer & Spender, 1979）。

　　至於組織文化，雖然爭論頗多，但Schein（1995）的界定採用認知與生態適應的觀點（ecological-adaptationist view）而廣為研究者所接受（Gordon, 1991）。此界定將組織文化視為：「一個獨立而穩定的社會單位所具有的一種特質。如果能證明某一群人在解決組織內外部問題的過程中共享許多重要經驗，則可以假設：長久以來，這類共同經驗已經使組織成員對週遭的世界及他們在週遭世界上所處之地位有了共同的看法。必須有足夠的共同經驗，才能導致一個共同的觀點，而且這個共同的觀點必須經過足夠的時間，才能被視為理所當然而不知不覺。」就這個意義來說，組織文化是一種「團體經驗的學得產物」(learned product of group experience），是某個特定團體在學習處理外在適應與內部整合問題時所創造、發現，或發展而來的，由於這個模式運作得很好，因此被視爲值得教給新成員，當作認知、思考與知覺的正確方式。

　　然而，什麼是組織文化的基本假設呢？其內容爲何呢？如果我們檢討一下現存的文化價值觀敍述或有關文化的研究，將會發現大多數的分析者只是列出他們認爲重要的主要類屬，但却很難找出這些類屬的理論基礎（如Miller, 1984；Peters & Waterman, 1982）。爲了避免這種缺失，筆者於1991年依照Schein（1985）的理論爲依據，掌握組織文化的五大向度，包括組織與環境的關係、決策的依據、人性的本質、組織成員的活動以及組織內的人群關係（human relationship），發展出社會責任、敦親睦鄰、顧客取向、科學求眞、正直誠信、表現績效、卓越創新、甘苦與共及團隊精神等九大組織文化價值，其中社會責任、敦親睦鄰、顧客取向及科學求眞，是屬於外部整合的文化價值；其餘向度則屬內部適應的文化價值，這些價值可以有效區分不同企業組織間的差異。

　　如果海峽兩岸的華人社會在經過長期的分離之後，各有不同的社會文化或社會文化有所差異；不同產業之間會形成不同的產業文化，則社會文化、產業文化的歧異，都將促使鑲嵌在社會或產業當中的個別組織擁有不同的組織文化。在產業方面，本研究以電子業、食品業和服務業爲主，企圖瞭解海峽兩岸三種產業之間在組織文化向度上是否有顯著差異。如果有顯著差異，則企圖在企業組織層次上，依照不

同的社會取向與組織文化向度，將各種企業組織歸類，試圖找出可能的組織文化群。總之，本研究的主要目的有三：

第一、瞭解海峽兩岸的華人社會是否具有類似的社會文化？差距有多大？

第二、探討海峽兩岸，不同產業間的組織文化是否有所差異？差異程度有多大？

第三、海峽兩岸隸屬不同產業的企業組織是否會形成清晰可辨的組織文化群？此文化群具有何種特色？

研究方法

受試者

本研究以台灣企業組織從業人員1188人、大陸企業組織從業人員1025人為對象，進行海峽兩岸企業文化之比較，總共人數有2213人。受試者來自台灣七個地區，六家公司的11個企業營運單位，以及大陸九個地區三十八家的企業組織或營運單位。受試者依照年齡來區分，二十五歲以下佔22.7%、二十六至三十歲佔31.5%、三十一至三十五歲佔18.0%、三十六至四十歲佔11.4%、四十一至四十五歲佔8.1%、四十六歲以上佔8.3%；其中男性佔55.6%、女性佔44.3%。依照教育程度來區分，高中以下佔8.3%、高中佔13.7%、高職佔17.2%、專科佔33.1%、

大學佔24.7%、研究所以上佔2.9%。依照職務來區分，直接生產人員佔25%、一般職員佔50.4%、基層主管佔12.9%、中級主管佔9.1%、高級主管佔2.5%；依照年資來區分，一年以下佔19.1%、一至三年佔26.3%、三至五年佔16.8%、五至七年佔10.9%、七至九年佔4.7%、九至十一年佔4.4%、十一至十三年佔3.1%、十三年以上佔14.7%。一般而言，樣本遍佈台灣北、中、南三地區以及大陸的黃金海岸地區。另外，爲了便於進行產業比較，本研究亦掌握了電子、食品及服務三大產業。

研究工具

□社會文化的測量

社會文化的測量，主要是根據楊國樞（1992）對社會取向（social orientation）的界定以及筆者（1993；1995）對權威取向的研究而來。社會取向涵蓋了家族取向、關係取向、權威取向及他人取向四種次級取向：家族取向包括了繁衍子孫、崇拜祖先、相互依賴、忍耐抑制、謙讓順同、爲家奮鬥、長幼有序及內外有別等行爲傾向；關係取向則具有角色化、回報性、和諧性等特徵；權威取向包括了權威敏感、權威崇拜及權威依賴三項特徵以及施恩與立威的領導行爲傾向；他人取向則包括了顧慮人意、順從他人、關注規範及重視名譽等特徵。根據上述概念並參考楊國樞與筆者（1987）的傳統價值觀量表，及楊國樞等人（1989）的傳統性量表，編製成華人社會文化量表。此量表以六

點量尺進行測量，分別標明非常不同意、不同意、不太同意、有點同意、同意、非常同意等六種選擇。

　　受試者的反應經過主軸因素分析、以陡階檢驗法決定大致的因素數目，以極變法從事正交轉軸，並將各因素上因素負荷量過低的題目予以剔除，再重複上述方法進行分析，結果剩下31題，可以抽出五個因素，解釋變異量為30.94%，分別命名為恩義取向（七題）、家族主義（七題）、權威取向（六題）、人情取向（五題）及他人取向（六題）。各分量表的信度，Cronbach's α分別為0.74，0.77，0.63，0.59，0.62。恩義取向的內容主要涉及了領導者或家長對部屬或下輩的照顧，領導者應有的形象，及下屬對領導者的信任；家族主義的內容則符合了社會取向中之「家族取向」的界定；權威取向可說明領導者或權威人物與下屬之間的權力距離，以及上級可以自我發揮（self-presentation）、下屬則需自我約束的傾向；人情取向涉及了人情的回報性、顧及交往對方的面子及符合個人在社會關係中的角色規範；他人取向強調了為他人著想、顧慮人意及對關係他人的照拂等。

□時間觀的測量

　　時間觀是組織文化中相當重要的一環，具不同組織文化的公司，其時間觀與對時間的假設是不同的（Schein, 1983）；時間觀亦會影響組織成員的行為。對時間觀的測量，以Schriber與Gutek（1987）的工作時間問卷（Time-at-Work Questionnaire）較具有良好的建構效度。此量表測量了十六種時間向度，其中三種並未命名，命名的十三個向

度分別爲時間排程、準時性、未來取向、時間分派、時間界域（time boundaries between work and nonwork）、時間運用、工作步調、自主性、同步性、例行性、工作時間的共同性、緩衝時間及時間順序等。本研究選擇了在十三個向度因素負荷量較高的四十五題（原量表有五十一題）進行量表的編製，並要求受試者以六點量表評定同意該時間陳述句的程度。

　　受試者的反應經過因素分析（過程與社會文化量表的分析一致）之後，選出38題，可以獲得四個有意義的因素。第一個因素有十二題，是與工作期限、工作配合度、互相協調、工作團隊、工作計畫有關的，旨在描述組織成員之間在時間上的互相配合，故命名爲「同步取向」。第二個因素有七題，是強調工作時間的例行性、僵固性、及時間運用的欠缺自由，命名爲「例行取向」。第三個因素有十一題，是與時間不夠用、時間緊湊、時間資源欠缺（scarce）有關的，命名爲「緊湊取向」。第四個因素有八題，分別測量工作自主、時間寬鬆、時間互依性低等內容，命名爲「自主取向」。本量表之四個分量表的信度各爲同步取向0.75、例行取向0.72、忙碌取向0.64以及自主取向0.73。

□ 組織文化的測量

　　組織文化的變項主要測量價值觀的層次，而不涉及基本假設，理由是基本假設的層次不易用問卷衡鑑出來。此部份的項目內容，主要參考鄭伯壎（1990）的組織文化價值觀量表、O'Reilly等人（1991）的組織文化問卷，以及鄭伯壎等人（1993）對某大型公營研發組織中、

高層經理人的面談結果編製而成。此問卷心理計量的探討，過去已多所討論（如鄭伯壎、任金剛，1993；鄭伯壎，1995）：經過對236家公司的研究、因素分析之後，可以獲得四個因素，可以解釋55.53%的變異量。此四個因素為團隊取向（十二題）：強調組織對員工的尊重與對人際和諧的講求，其信度Cronbach's α為0.91；第二個因素為安定取向（七題），強調組織重視安定守成、短期成果導向及歷史傳統，信度為0.85；第三個因素涉及了組織對成本效益、工作績效及技術創新的講求，稱之為績效取向（八題），其信度為0.81；第四個向度為敬業取向（三題），組織重視員工的勤勞敬業、奉獻服務及卓越精進，其信度為0.72。其中團隊取向與安定取向較與內部整合有關，而績效取向與敬業取向則與外部適應較有關係。

□ 背景資料

背景資料包括了受試者的地區來源、隸屬組織型態、產業別、年齡、性別、教育程度、工作職務及年資。

研究程序

本研究在選取樣本時，首先確定樣本將會涵蓋電子、食品及服務三大行業。再徵得受試公司的同意之後，於台灣先行面談各公司的高級主管。這項面談除了瞭解台商或外商在大陸的狀況作為問卷編製的參考之外，亦尋求做大樣本施測的可能。接著再透過台灣公司的安排，確定大陸公司確實能夠接受施測。總計共有台灣地區六家公司11個營

運單位及六家大陸台（外）商九個營運單位願意接受問卷調查，其中台灣約有1200人，大陸則有600人。此外，爲了反應大陸企業的現況，亦另外蒐集了大陸國營企業、鄉鎮企業及合資企業30家，約600人的資料。爲了使研究工具對等（equivalent），大陸施測之問卷，透過轉譯與再譯（translation and retranslation）之過程，以避免海峽兩岸在語意上有不同的認知。

選擇受試者時，特別向公司負責單位強調盡量涵蓋不同工作特性、年資、年齡、性別的人員，接著進行大樣本施測的工作。其中有一部份受試者由研究者親赴台灣與大陸各地施測；一部份則委託公司的人事部門或大陸部門施測；大陸之國營事業、鄉鎮企業及合資企業則委託當地學者施測，總共施測之樣本約2400人，有效樣本爲2290人，經過廢卷處理，將空白過多或有明顯反應傾向的問卷汰除之後，實際列入分析的有效樣本有2213人。

由於本研究旨在探討海峽兩岸企業組織之組織文化的差異，資料分析的重點放在組織層次上，暫不涉及團體與個人層次的分析。基本上，本研究進行了因素分析，以掌握社會取向、時間觀的因素結構；並以海峽兩岸與產業類別爲主要預測變項，以社會文化、時間觀及組織文化爲依變項，進行不等格ANOVA分析（unequal cell ANOVA analysis）。至於各向度的單題差異，則進行差異的 t 檢定。爲了便於進行整體比較，利用雷達圖說明海峽兩岸的文化差異。最後，則以顯著的區辨向度爲準，透過群聚分析（cluster analysis），描述海峽兩岸的企業組織是否擁有不同的組織文化群。

研究結果

地區與產業層次的差異

□社會文化的差異

　　表二說明了海峽兩岸的受試者在社會文化向度上的平均數、標準差及差異的 t 檢定。結果發現除了恩義取向之外，其餘向度均有顯著差異，其中尤以家族取向與他人取向差異最大（分別為 t＝26.55, p＜.001 與 t＝24.60, p＜.001），至於權威取向與人情取向則差異較小（分別為 t＝－2.42, p＜.05 與 t＝5.16, p＜.001）。台灣地區的家族取向、他人取向及人情取向均高於大陸，而權威取向則稍弱於大陸。由此可知，海峽兩岸在經歷四、五十年的分離之後，基於政、經社會體制的不同，在社會文化上有所差異。然而，在觀察五種社會取向的大小時，亦可發現由大至小的順序皆為恩義取向、人情取向、他人取向、家族取向、權威取向，此順序並不因海峽兩岸而有所差異。可見就社會取向向度內的重要性而言，趨勢是類似的。唯一不同的是對大陸而言，家族主義與他人取向較為弱化。此外，值得一提的是權威取向雖然海峽兩岸均不高，但大陸似較台灣稍高，表示大陸的上下權力距離似乎較台灣為大，接受權威的可能性還是比台灣為高。

表二　海峽兩岸在社會文化量表上的平均數、標準差以及 t 檢定

因　素	台灣地區			大陸地區			t值	自由度	p值
	樣本數	平均數	標準差	樣本數	平均數	標準差			
恩義取向	1167	34.41	4.05	1012	34.20	4.08	1.21	2177.0	.2281
家族取向	1155	29.93	4.89	1008	24.28	4.97	26.55	2161.0	.0001
權威取向	1162	18.89	4.37	1005	19.33	4.12	-2.42	2165.0	.0156
人情取向	1153	24.24	2.99	1014	23.57	3.08	5.16	2165.0	.0001
他人取向	1159	27.44	3.43	1003	23.56	3.85	24.60	2024.8	.0001*

註1：恩義取向計7題，家族取向計7題，權威取向計6題，人情取向計5題，他人
　　　取向計6題，總計31題。

註2：打*號表示變異數不齊一（p＜.05），採用Cochran與Cox（1957）之方法校
　　　正。

註3：本處之 t 檢定為台灣與大陸平均數差異之檢定，檢定方式為相依樣本之 t
　　　檢定。

□時間觀的差異

　　表三列出了海峽兩岸三產業在時間觀的向度上的平均數與標準
差。以同步取向而言，顯然地，地區、產業均具有顯著的主要效果（分
別為$F_{1,1798}=45.21$, p＜.001與$F_{2,1798}=15.97$, p＜.001）；同時二者對同
步取向亦具有互涉效果（$F_{2,1798}=6.85$, p＜.001）。由此可見，台灣地區
從業人員的同步取向要較大陸為高，說明台灣地區對工作期限、按照
時間表工作、準時工作與他人同步工作的要求要較大陸為嚴；另外，
服務業的同步取向要較電子業與食品業為高，顯示服務業對時間要求
同步的特色。然而，由於地區與產業具有互涉效果，經過進一步分析
之後，可以發現海峽兩岸在同步取向上的差異，主要來自電子業與食

品業，服務業的差異較小。台灣地區的電子業與食品業在同步取向的
得分要高於大陸，但服務業則差距較小。

表三　海峽兩岸三產業在時間觀向度上的平均數與標準差

因　　素		台灣地區			大陸地區		
		樣本數	平均數	標準差	樣本數	平均數	標準差
同步取向	電子業	329	59.55	6.77	357	55.89	6.44
	食品業	344	58.73	6.19	242	56.21	6.72
	服務業	431	60.06	5.83	101	59.53	5.28
	整　體	1104	59.49	6.25	700	56.52	6.50
例行取向	電子業	327	25.19	5.04	359	24.15	4.44
	食品業	348	23.61	4.92	244	24.01	4.73
	服務業	443	21.53	5.26	105	21.30	5.13
	整　體	1118	23.25	5.31	708	23.69	4.75
緊湊取向	電子業	329	37.89	6.53	351	37.01	6.11
	食品業	337	36.37	6.56	239	38.23	6.57
	服務業	438	42.76	6.62	99	42.55	5.02
	整　體	2204	39.36	7.15	689	38.23	6.40
自主取向	電子業	332	22.48	6.07	357	25.42	5.62
	食品業	344	26.22	5.46	242	25.10	5.84
	服務業	443	25.63	5.29	105	24.70	5.11
	整　體	1119	24.88	5.80	704	25.20	5.62

　　以例行取向而言，產業具有顯著的主要效果（$F_{2,1820} = 46.92$, $p < .001$），而地區與產業則具有互涉效果（$F_{2,1820} = 3.32$, $p < .05$）。服務業的例行取向較低，而電子業的例行取向較高，可見行業的不同、工作方式的不同，將導致對時程安排的差異。由互涉效果中亦可發現台灣電子業的例行取向較大陸爲高，而其他兩產業則差異較小，表示台灣電子業的自動化程度可能較高，而較無法依照自己的意思、自由運用時間。

　　以緊湊取向而言，產業具有顯著的主要效果（$F_{2,1787} = 86.71$, $p < .001$），而地區與產業則具有互涉效果（$F_{2,1787} = 7.25$, $p < .001$）。服務業的緊湊取向較電子業與食品業爲高，服務業的從業人員腳步較快、較繁忙，時間使用較爲緊湊。而互涉效果中亦可看出大陸食品業較台灣食品業的緊湊取向高，而電子業、服務業則差異較小，表示台灣食品業的從業人員比大陸員工較覺得輕鬆、不忙碌。

　　以自主取向而言，產業具有顯著的主要效果（$F_{2,1817} = 15.25$, $p < .001$），而地區與產業則具有互涉效果（$F_{2,1817} = 24.84$, $p < .001$）。服務業與食品業的自主取向較高，而電子業則較低，可見電子業對從業的時間控制較爲嚴格。由互涉效果亦可發現以電子業而言，大陸的自主取向較高；然而以食品業與服務業而言，則台灣較高。台灣電子業的自主取向顯然是所有地區產業最低的。這說明了電子業與其他兩行業間的差異，可能是因爲台灣電子業所造成的，台灣電子業的時間控制特別嚴格，且沒有自由。

□ 組織價值的差異

表四列出了海峽兩岸三種產業在組織文化價值觀向度的平均數與標準差。在各價值觀向度上，地區、產業均具有顯著的主要效果，而且兩自變項對依變項均具有互涉效果。以團隊取向而言，台灣地區顯著高於大陸（$F_{1,1758} = 26.28$, $p < .001$）、服務業又高於食品業及電子業（$F_{1,1758} = 9.45$, $p < .001$）。互涉效果則顯示了台灣與大陸的差距，在電子業與服務業較高，而食品業較低（$F_{2,1758} = 5.19$, $p < .01$）。

以安定取向而言，台灣顯著高於大陸（$F_{1,1768} = 20.03$, $p < .001$）、電子業與食品業則高於服務業（$F_{2,1782} = 4.71$, $p < .01$），而大陸與台灣的差距，則以食品業較高（$F_{2,1782} = 3.66$, $p < .05$），可見台灣地區企業組織的安定取向均較大陸為高，其中尤以食品業最為顯著。

以績效取向而言，台灣顯著高於大陸（$F_{1,1768} = 17.67$, $p < .001$）、而服務業又高於電子業與食品業（$F_{2,1768} = 3.63$, $p < .05$）。至於地區與產業的互涉效果（$F_{2,1768} = 12.27$, $p < .001$），則表現在台灣與大陸電子業的差異上。顯然地，電子業的績效取向，台灣高出大陸甚多，而食品業與服務業的差距則較小。

以敬業取向而言，台灣亦顯著高於大陸（$F_{1,1827} = 7.30$, $p < .001$）、服務業則高於食品業與電子業（$F_{2,1827} = 20.80$, $p < .001$）。此外，地區與產業的互涉效果（$F_{2,1827} = 8.83$, $p < .001$），則說明了電子業的海峽兩岸差距較大，台灣電子業的從業人員敬業取向較大陸為高，其他兩業則差異較小。

表四　地區別與產業別在組織價值觀量表上的平均數與標準差

因素		台灣地區			大陸地區		
		樣本數	平均數	標準差	樣本數	平均數	標準差
團隊取向	電子業	326	55.09	10.05	351	50.81	9.62
	食品業	329	53.78	9.96	226	53.02	8.96
	服務業	440	57.13	8.78	92	54.32	8.30
	整　體	1095	55.52	9.63	669	52.04	9.31
安定取向	電子業	329	30.22	5.20	350	29.44	5.22
	食品業	334	30.86	5.57	234	28.55	5.13
	服務業	446	29.12	5.59	95	28.37	4.79
	整　體	1109	29.97	5.51	679	28.98	5.15
績效取向	電子業	323	39.93	5.08	354	36.83	6.20
	食品業	327	38.36	6.20	228	38.01	5.78
	服務業	441	39.32	4.58	101	39.07	4.69
	整　體	1091	39.21	5.29	683	37.56	5.91
敬業取向	電子業	342	14.85	2.22	362	13.94	2.56
	食品業	340	14.43	2.77	241	14.64	2.23
	服務業	444	15.52	2.05	104	15.22	1.94
	整　體	1126	14.99	2.38	707	14.37	2.41

□小結：海峽兩岸三產業之文化比較

　　以電子業而言，海峽兩岸在社會文化、時間觀及組織文化價值上，差異較大者為家族取向、他人取向、團隊取向、績效取向、敬業取向、同步取向及自主取向。至於各文化向度的比較，台灣較強調恩義取向、人情取向、績效取向、敬業取向及同步取向，較不強調自主取向與權威取向；大陸所強調者亦極為類似，包括恩義取向、人情取

向、績效取向、敬業取向及同步取向，而不強調權威取向、自主取向、緊湊取向、例行取向及家族取向。

　　以食品業而言，海峽兩岸在各向度上的差異，以家族取向、他人取向、安定取向及同步取向差異較大；在各地區不同向度間的比較，台灣與大陸均十分重視恩義取向、人情取向、績效取向、敬業取向及同步取向，但不重視自主取向與權威取向，顯示海峽兩岸的文化剖面圖頗為類似。

　　以服務業而言，海峽兩岸在家族取向、他人取向及團隊取向上差異較大；而向度間的比較，海峽兩岸的趨勢亦頗為類似，較重視恩義取向、人情取向、績效取向、敬業取向及同步取向，而較不重視權威取向、例行取向及自主取向；此外，大陸亦不重視家族取向。

　　根據以上的分析，亦可發現服務業特別強調敬業取向、團隊取向及緊湊取向；而海峽兩岸的差異，則以電子業較大。

組織層次的差異

　　根據海峽兩岸文化差異的分析，可以發現海峽兩岸確實在社會文化、組織價值及時間觀上有所差異，為了進一步掌握各企業組織在各文化向度上的相對特性，可以以各企業組織為分析單位，進行群組分析——在求得平均數後在二維座標上標上位置，期發現各種組型的文化群。雖然家族取向、他人取向、人情取向及權威取向均有差異，但權威取向的差異不大。因此，只計算各企業在家族取向、他人取向及人情取向的得分平均，並在家族取向—他人取向座標與他人取向—人

情取向座標進行文化組型分析。在時間觀上，則以同步取向與緊湊取向進行座標分析。至於組織文化價值觀方面，則由於績效取向與敬業取向較涉及企業組織對外部環境的適應；而團隊取向與安定取向較涉及內部整合（鄭伯壎，1993）。因此，將四個向度，簡化為外部適應與內部整合兩大向度，進行群聚分析。有關各企業組織在各文化向度的得分平均數，如**表五**所示。

□家族取向—他人取向座標分析

　　各企業組織在家族取向—他人取向座標上的位置，如**圖一**所示。由**圖一**中可以發現，除了一家廣告公司之外，台灣地區的企業組織都落在座標圖第一象限的右上角，形成一個文化群；而大陸台商則大多落在第二象限與第三象限上方；至於大陸的公司則大多落在第三象限。由此顯示，台灣地區企業組織的社會文化價值較偏向家族取向與他人取向，大陸公司則較偏向非家族取向與個我取向。然而，大陸台（外）商則偏向非家族式的他人取向。這個結果亦說明了，在組織層次上，透過社會化的歷程，企業組織能夠改變大陸員工某些保護自己的想法，而可提高他人取向的價值，但家族取向則較不易改變。

□人情取向—他人取向座標分析

　　各企業組織在人情取向—他人取向座標上的位置，如**圖二**所示。**圖二**顯示了四大重要的社會文化群，第一群位於第一象限的右上角，是一家房屋服務公司的兩個地區營運單位，第二群位於第一象限與第二象限之間，包括了大多數的台灣公司，第三群位於第一象限與第四

表五　各樣本公司在各文化向度上的得分平均數

	家族取向	他人取向	人情取向	內部整合	外部適應	同步取向	緊湊取向
1.AA廣告（台北）	3.58	4.34	4.72	3.95	4.46	4.79	3.77
2.AB房屋（台北）	4.25	4.79	4.99	4.64	5.07	5.03	3.90
3.AC房屋（高雄）	4.23	4.78	5.04	4.74	5.15	5.09	3.92
4.AD電子（竹北）	4.33	4.42	4.76	4.62	5.04	4.99	3.73
5.AE電子（中壢）	4.55	4.42	4.79	4.45	5.03	4.99	3.55
6.AF食品（台北）	4.13	4.59	4.88	4.36	4.54	4.62	2.95
7.AG食品（台南）	4.41	4.55	4.79	4.56	4.93	4.93	3.35
8.AH電子（高雄）	4.16	4.51	4.79	4.42	4.91	4.93	3.25
9.AI食品（高雄）	4.50	4.25	4.65	4.42	4.78	4.92	3.27
10.AJ食品（斗六）	4.40	4.45	4.62	4.49	4.73	4.92	3.39
11.AK食品（台中）	4.67	4.48	4.84	4.32	4.79	4.95	3.38
12.DA機械（杭州）	3.47	3.60	4.58	4.17	4.60	4.49	3.38
13.CA電器（杭州）	3.11	3.50	4.68	4.16	4.25	4.34	3.31
14.CB電子（杭州）	3.21	3.55	4.67	4.20	4.77	4.78	3.03
15.CC電子（杭州）	3.26	3.70	4.60	4.16	4.57	4.60	3.16
16.CD造紙（杭州）	3.52	3.95	4.52	4.32	4.43	4.32	3.13
17.EA電子（長興）	3.47	3.90	4.73	4.45	4.95	4.53	3.47
18.DB絲織（杭州）	3.45	3.73	4.68	4.19	4.55	4.70	3.34
19.DC化纖（杭州）	3.60	3.74	4.57	4.56	5.21	4.59	3.60
20.EB印染（長興）	3.57	4.18	4.31	4.42	4.84	4.46	3.84
21.EC竹編（長興）	4.11	4.11	4.99	4.63	5.09	4.68	3.27
22.CE食品（杭州）	3.22	4.13	4.76	4.12	4.65	4.40	4.12
23.CF食品（杭州）	3.88	3.98	4.58	4.16	4.44	3.94	3.40
24.CG機床（杭州）	3.68	4.05	5.01	4.13	4.25	4.45	2.88
25.CH電器（杭州）	3.32	3.75	5.02	4.51	4.83	4.50	3.18
26.DD工業（杭州）	3.62	3.80	5.14	4.48	4.89	4.85	3.62

表五（續）

27.DE塗料（寧波）	3.57	3.56	4.62	4.04	4.77	4.50	3.75
28.ED電梯（杭州）	3.34	4.07	4.28	3.84	3.91	4.44	3.27
29.DF電器（寧波）	3.34	3.77	4.70	4.20	4.13	4.59	3.00
30.EE工貿（杭郊）	3.05	3.83	4.58	4.02	4.13	4.22	3.38
31.CI石化（杭州）	3.29	3.65	4.60	3.98	4.22	4.32	3.05
32.CJ塗料（杭州）	3.45	3.65	4.52	3.91	4.28	4.43	3.31
33.CK麵粉（杭州）	3.36	3.72	4.50	4.22	4.82	4.72	3.61
34.EF機床（寧波）	3.48	3.65	4.70	4.51	5.11	4.96	3.29
35.EG電子（寧波）	3.70	3.84	4.70	4.33	4.94	4.53	3.58
36.EH集團（寧波）	3.58	3.92	4.49	4.49	5.03	4.78	3.45
37.EI毛紡（寧波）	3.73	3.78	4.59	4.32	4.95	4.86	3.57
38.DG製衣（寧波）	3.15	3.61	4.16	4.36	5.03	4.83	3.53
39.DH建材（杭郊）	3.27	3.62	4.46	4.13	4.87	4.82	3.56
40.DI食品（杭州）	3.42	3.84	4.59	4.31	4.90	4.90	3.14
41.BA廣告（上海）	3.16	4.18	4.82	4.10	4.64	4.92	3.94
42.BB廣告（北京）	3.25	4.50	4.75	4.26	4.84	5.00	3.76
43.BC房屋（上海）	3.43	4.32	5.02	4.62	5.27	4.97	3.85
44.BD電子（南京）	3.53	3.92	4.79	4.10	4.59	4.78	3.51
45.BE食品（大陸）	3.56	4.12	4.84	4.36	4.90	4.78	3.49
46.BF食品（上海）	4.25	4.36	4.96	3.81	4.18	3.97	3.14
47.BG食品（北京）	3.61	3.89	4.90	4.37	4.72	4.85	3.28
48.BH食品（福州）	3.36	3.91	4.80	4.20	4.58	4.65	3.33
49.BI電腦（蘇州）	3.33	4.18	4.76	4.73	5.16	4.81	3.78
平均數	3.65	4.02	4.71	4.30	4.73	4.68	3.44
中位數	3.53	3.92	4.70	4.32	4.79	4.78	3.39
最大值	4.67	4.79	5.14	4.74	5.27	5.09	4.12
最小值	3.05	3.50	4.16	3.81	3.91	3.94	2.88

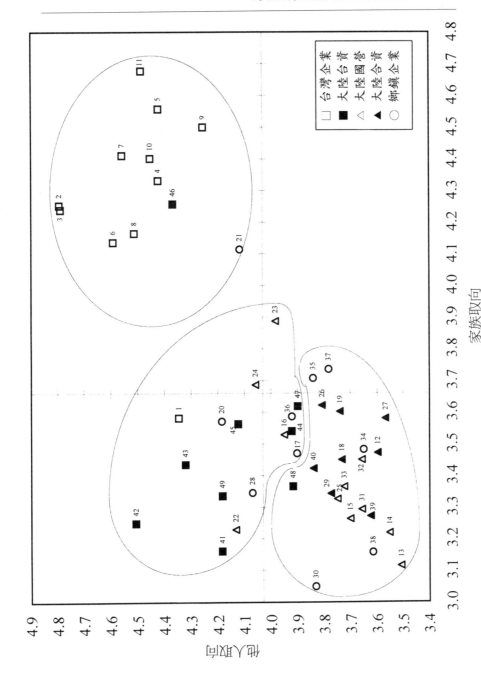

圖一　各企業組織在家族取向—他人取向座標上的位置

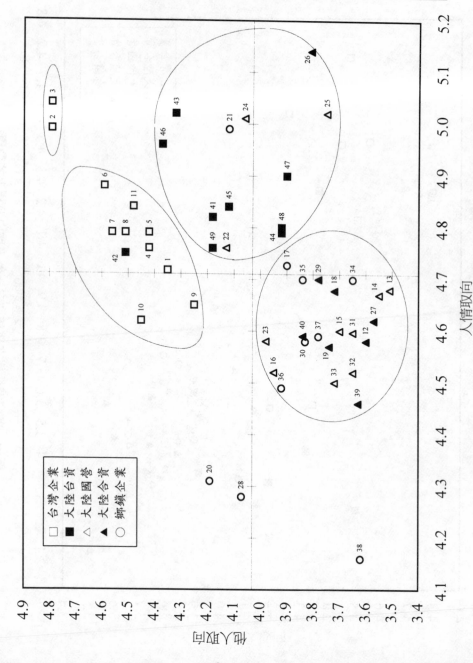

圖二　各企業組織在人情取向─他人取向座標上的位置

象限之間，包括了大多數的台商大陸公司，第四群則位於第三象限，
涵蓋了絕大多數的大陸公司。顯然地，第一、二、三群的大多數公司
都落在第一象限上，只不過第一群的人情與他人取向都相當高；第三
群與第二群的得分比第一群稍低，第三群顯示出人情取向較高，他人
取向較低的現象；第二群則與第三群相反。第四群則顯示出低他人取
向與人情取向的趨勢。從以上的結果，亦可發現大陸台商企業的人情
取向較台灣母公司爲高。

□同步取向—緊湊取向座標分析

　　各企業組織在同步取向—緊湊取向座標上的位置，如**圖三**所示。
圖三顯示了五個明顯的時間觀文化組群：第一群位於第一象限右上
角，主要是三家具強勢組織文化公司及其大陸子公司；第二群位於第
一象限左下角，包括了一些台商的大陸分公司與大陸的鄉鎮及合資企
業；第三群位於第二象限，大多是大陸的合資與鄉鎮企業，第四群位
於第三象限，大多是大陸的國營企業；第五群位於第四象限，大多是
台灣的食品公司與兩家電子公司。上述結果說明了台灣公司的同步取
向均相當高，但因爲對緊湊取向有不同的強調，而形成兩群不同時間
文化組型；大陸台商的時間取向則亦形成兩群，一群的緊湊取向與同
步取向均較高，一群則較低；至於大陸的國營企業則顯然對時間資源
不太重視，因此，同步與緊湊取向都偏低；合資與鄉鎮企業則一部份
位於第二群，同步與緊湊取向均在中間，一部份則位於第二象限，緊
湊取向都較國營企業爲高。

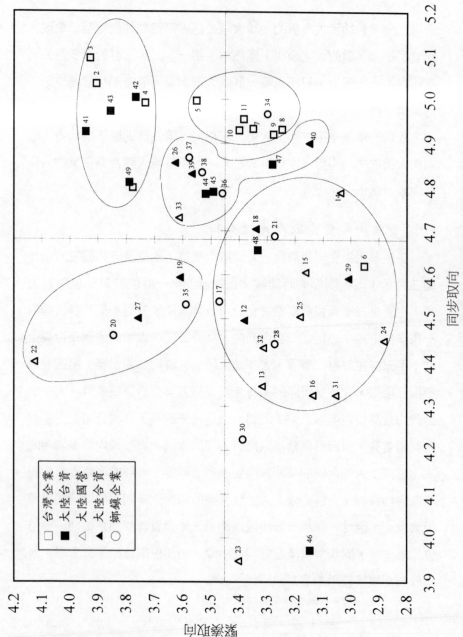

圖三　各企業組織在同步取向—緊湊取向座標上的位置

□ 內部整合—外部適應組織文化座標分析

　　各企業組織在內部整合與外部適應的座標上的位置，如**圖四**所示。**圖四**呈現了幾組的文化群，第一群位於第一象限的上方，包括了台灣電子公司、房屋服務等公司以及大陸的許多鄉鎮企業——其中大陸鄉鎮企業是獨立成群的；第二群位於第一與第四象限之間，包括了台灣食品公司及其大陸的分公司；第三群位於第二象限，大多是大陸的合資公司；第四群位於第三象限，包括大陸的國營企業與部份的合資及台商大陸公司。此一結果說明大陸國營企業與鄉鎮企業在組織文化價值觀上是不同的，鄉鎮企業不論是外部適應與內部整合價值都較國營企業為高；其次食品業可能具有獨特的文化群。再次，廣告公司也許是行業特性，較不強調內部整合與外部適應的組織文化價值。最後，大陸的國營企業在外部適應與內部整合上仍然偏低，可見大陸國營企業的改革仍是刻不容緩的。

討　論

　　究竟海峽兩岸在社會文化上或組織文化上是否有所差異？從本研究的結果可以發現：在大趨勢或巨觀方面似乎頗為類似，由全部文化向度的剖面圖中已透露此一訊息；然而，在微觀方面，則仍有差異存在。此一結果頗類似Child（1981）的想法：相似或相異實依觀點的層

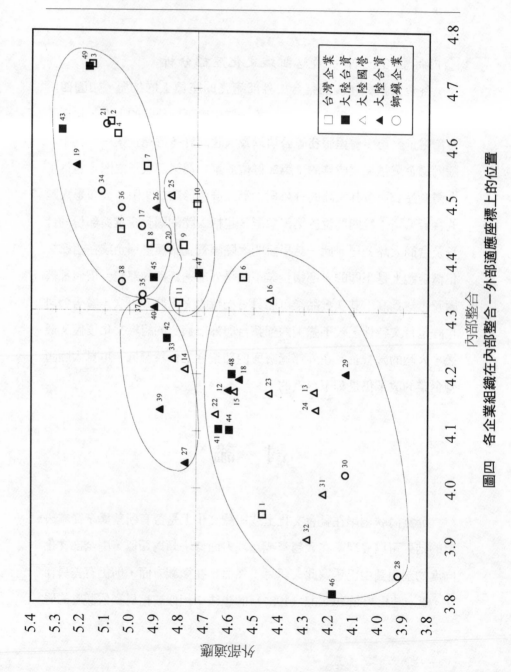

圖四　各企業組織在內部整合－外部適應座標上的位置

次而有所不同。以微觀層次而言，在社會文化上，除了恩義取向，海峽兩岸均頗爲強調之外，家族取向、他人取向及人情取向，台灣都顯著比大陸高。這顯示了大陸的家族取向已經較爲弱化、較懂得保護自己、排斥外人、人際間的信任也可能較台灣爲低。此結果亦支持了大陸較台灣傾向個人主義的想法（如Lai & Lam, 1986），也因此，某些對人事管理或組織行爲的研究，得出大陸與台灣不同的結果，並不特別令人訝異（如Farh, Dobbins, & Cheng, 1991; Yu & Murphy, 1993）。除此之外，權威取向大陸稍高於台灣，表示大陸的權威取向仍然較強。雖然如此，但與其他社會取向比起來，權威取向並不高。這顯示了海峽兩岸的權威取向並不若預期的預測。權威取向偏低，對海峽兩岸而言，似乎有不同的解釋：對大陸而言，可能由於強調階級平等、堅持社會主義路線，而弱化了權威取向（如Dunphy & Shi, 1989）；對台灣而言，則可能由於民主化的興起，或孝道的不被強調（如葉光輝，1995），而導致權威取向的弱化。不管原因何在，本研究已流露出權威取向在海峽兩岸都比其他取向來得弱的訊息。

另外，值得一提的是，台商或外商在大陸公司的他人取向似乎有高於大陸國營、鄉村企業的趨勢，表示透過高度的組織社會化或人際互動，可以在組織層次上提高大陸從業人員的他人取向，使他們從懷疑他人、保護自己中逐漸轉變爲信任他人、關懷別人；同時亦可能由兩岸人員彼此的互動中，提升相互間的人情關係（見**圖一、二**）。由此亦可證實組織文化具有穿透力，透過強勢組織文化塑造的歷程，仍可改變某些社會文化的價值（Harrell, 1982）。

以產業差異而言，本研究發現了服務業、電子業及食品業的價值取向也有所不同：在時間觀上，服務業較強調自主性、上下班時間界限（boundary）較不清楚、時間漫長；然而，製造業則例行性較高、自主性較低；此外，大陸公司對時間資源的運用較爲悠閒，台灣則較緊湊、繁忙。在組織價值上，服務業較講求團隊、敬業及積極取向，此一趨勢，以大陸公司更爲明顯，台灣公司差異較小。此結果說明了產業間的組織文化差異，可能因地域而有所不同。其次，由於每個企業的體質不同，個別企業組織的文化也可能產生作用，**圖三**與**圖四**進一步說明了此項事實。圖3指出了，在時間觀上，三家具強勢組織文化的台（外）商公司的大陸關係企業，都具備了類似的時間觀。對這些公司而言，同步與緊湊取向兩大類時間觀，並不因地區的不同而有所差異，各跨國公司與其子公司明顯形成同一文化群。因此，在時間觀上，母公司或集團公司要對其子公司或海外公司遂行其影響力，可能性應該很高。此一結果，亦支持了集團公司的母公司文化對其子公司應該具有一定約束力的想法（陳家聲、任金剛，1995）。

在外部適應與內部整合的組織價值觀上，亦可發現食品業的母公司與子公司之間形成共同的文化型模，顯示台灣食品業有其特定的組織文化，而且該文化亦可對大陸子公司發生影響。在這裡，特別值得強調的是，大陸鄉鎮企業的內部整合與外部適應的組織價值均達到一定的水準，甚至與台灣企業相差有限，而可充分說明大陸鄉鎮企業充滿活力、靈活、競爭力強的事實（如林青松、威廉·伯德，1994；威廉·伯德、朱寧，1994）。

　　相對而言，大陸的國營事業不但在外部適應與內部整合組織價值上較低，而且在時間觀上亦較為鬆散、悠閒、無法充分運用時間資源，而未能形成具競爭優勢的組織文化，也因此，改革國營事業應是大陸促進經濟成長的重要手段之一（郭文雄，1988）。

　　總之，海峽兩岸在經過四、五十年的分離分治之後，社會文化雖然產生某種程度的差異，但這種差異並非是南轅北轍的，而是具有類似的本質。對企業經營者而言，這種差異並非是不能克服的。透過優勢企業文化的塑造與強力組織社會化的歷程，台灣公司的企業文化仍可穿透體制的歧異，而彰顯出一定的效果，本研究已經指出了這項事實。

（論文出處：台灣與大陸的企業文化及人力資源管理研討會宣讀論文）

參考文獻

佐藤幸人（1993）：〈輸出指向工業的要因與意義〉。未發表論文，東京：東京大學亞細亞研究所。

李南雄（1986）：〈從比較觀點看中國企業管理制度之形成與演變〉，中國式管理研究會發表論文。香港：中文大學。

林青松、威廉·伯德（1994）：〈中國農村工業概況〉，《中國鄉鎮企業的歷史性崛起》。香港：牛津大學出版社。

林祖嘉（1993）：〈台資企業大陸工廠與台灣母公司工廠之分工與產業
　　升級：電工器材業與製鞋業之比較〉，中華經濟協作系統第二屆
　　國際研究會。香港：亞太二十一學會。

威廉·伯德、朱寧 （1994）： 〈市場影響和工業結構〉，《中國鄉鎮企業
　　的歷史性崛起》。香港：牛津大學出版社。

涂照彥 （1995）：《從台灣看全亞洲》。東京：時事通信社。

張紀潯 （1995）：《中國經濟的探索》。東京：名著刊行會。

郭文雄（1988）：〈中國大陸企業體制的改革〉，《中央研究院民族學研
　　究所集刊》，第66期，頁31-50。

陳玉璽（1994）：〈兩岸三地產業之結構整合及其政策涵義〉，《香港社
　　會科學學報》，第3期，頁187-209。

陳家聲、任金剛 （1995）： 〈台灣地區集團企業的企業文化研究〉，華
　　人心理學家學術研討會宣讀之論文。台北。

陳勝昌 （1986）： 〈我國企業的經營環境對企業管理的影響〉，中國式
　　管理研討會宣讀之論文。香港：中文大學。

傅偉勳（1989）：〈儒家思想的時代課題及其解決線索〉，《儒家倫理與
　　經濟發展》（杜念中、楊君實主編）。台北：允晨文化公司。

楊國樞（1992）：〈中國人的社會取向：社會互動的觀點〉，《中國人的
　　心理與行為——理念及方法篇》（楊國樞、余安邦主編）。台北：
　　桂冠圖書公司。

楊國樞、余安邦、葉明華 （1989）： 〈中國人的個人傳統性與現代性：
　　概念與測量〉，《中國人的心理與行為第一屆國際研討會論文

集》。台北，國立台灣大學。

楊國樞、鄭伯壎（1987）：〈傳統價值觀、個人現代性及組織行為：後儒家假說的一項微觀驗證〉，《中央研究院民族學研究所集刊》，第64期，頁1-49。

葉光輝（1995）：〈孝道困境及其消解模式〉，國科會專題研究報告。台北。

劉進慶（1974）：《戰後台灣經濟分析》。東京：東京大學出版社。

鄭伯壎（1990）：〈組織文化價值觀的數量衡鑑〉，《中華心理學刊》，第32卷，頁31-49。

鄭伯壎（1993）：〈家長權威與領導行為關係之探討〉，國科會專題研究報告，台北。

鄭伯壎（1995）：〈家長權威與領導行為之關係〉。《中央研究院民族學研究所集刊》，第79期，頁119-173。

鄭伯壎（1995）：〈組織間關係形成的階段及其效果〉。未發表論文。台北：國立台灣大學。

鄭伯壎、任金剛（1993）：〈組織氣候調查研究〉，工業技術研究院委託研究報告，新竹。

謝森中（1993）：〈從經濟觀點看戰後台灣經驗──一個實際參與者的見證〉，《台灣經驗(一)──歷史經濟篇》（宋光宇編）。台北：東大圖書公司。

鍾琴（1990）：〈海峽兩岸經貿關係與亞洲區域互動展望〉。台北：中華經濟研究院。

Miller. L. (1984). *American spirit.* 《美國企業精神》（尉謄蛟譯）。台北：長河出版社。

Adler, N.J. (1983). Cross-cultural management: Issues to be faced. *International Studies of Management and Organization,* 13, pp.7-45.

Aiken, M. & Bacharach, S.B. (1979). Culture and organizational structure and process: A comparative study of local government administrative bureaucracies in the Walloon and Flemish regions of Belgium. In C.J. Lammers & D.J. Hickson (Eds.), *Organizations alike and unlike.* London: Routledge & Kegan Paul.

Bass, B. & Eldridge, L. (1973). Accelerated managers objectives in twelve countries. *Industrial Relations,* 11, pp.158-171.

Birnbaum, P.J. & Wong, G.Y.Y. (1985). Cultural values of managers in the People's Republic of China and Hong Kong. Paper presented at the American Academy of Management Meetings, San Diego.

Cheng, G.W. & Chow, I.H. (1995). The issue of measurement invariance in cross-cultural studies: A comparison of cultural values of manager in PRC, Hong Kong, and Taiwan. Paper presented at Hitotsubashi-Organization Science Conference, Tokyo.

Child, J. (1981). Culture, contingency and capitalism in the cross-national study of organizations. *Research in Organizational Behavior,* 3, pp.303-356.

Child, J. & Tayeb, M. (1983). Theoretical perspectives in cross-national organizational research. *International Studies of Management and Organizations*, 12(4), pp.23-70.

Chong, L.E., Cragin, J.P., & Scherling, S.A. (1983). Manager work-related values in a Chinese corporation. Paper Presented to the Academy of International Business Annual Meeting, San Francisco.

Dunphy, D. & Shi, J. (1989). A comparison of enterprise management in Japan and the People's Republic of China. In C.A.B. Osigweh, Yg. (Ed.), *Organizational science abroad: Constraints and perspectives.* New York: Plenum.

England, G.W. (1975). *The manager and his values: An international perspective from the USA, Japan, Korea, India and Australia.* Cambridge, MA: Ballinger.

Farh,J.L., Dobbins,G.H., & Cheng,B.S. (1991). Culture relativity in action: A comparison of self-ratings made by Chinese and U.S. workers. *Personnel Psychology, 44*, pp.129-147.

Farmer, R.N. & Richman, B.N. (1965). *Comparative management and economic progress.* Homewood, IL: Irwin.

Fayol, H. (1916). *General and industrial management.* London: Pitman.

Fujihara, G. (1936). *The spirit of Japanese industry.* Tokyo: The Hokuseido Press.

Fuller, E. & Peterson, R.B. (1992). China and Taiwan :Common culture but divergent economic success. *Advances in International*

Comparative Management, 7, pp.185-201.

Gold, T. (1986). *State and society in the Taiwan miracle.* Armonk, NY: Sharpe.

Gorden, G.G. (1991). Industry determinants of organizational culture. *Academy of Management Review,* 16(2), pp.396-415.

Grinyer, P.H. & Spender, J.C. (1979). *Turnaround: Managerial recipes for strategic success.* London: Associated Business Press.

Gulick, L.H. (1937). Notes on the theory of organization. In L.H. Gulick & F. Urwick (Eds.), *Papers on the science of administration.* New York: Institute of Public Administration, Columbia University.

Haire, M., Ghiselli, E.E., & Porter, L.W. (1963). Cultural patterns in the role of the manager. *Industrial Relations,* 2, pp.95-117.

Hamilton, G.G. & Biggart, N.W. (1989). Market, culture and authority: A comparative analysis of management and organization in the Far East. *American Journal of Sociology,* 94 (Supplement), pp.52-94.

Harrell, S. (1982). *Ploughshae village: Culture and context in Taiwan.* Seattle: University of Washington Press.

Hickson, D.J., McMillar, C.J., Azumi, K., & Harvath, D. (1979). Grounds for comparative organizational theory: Quicksands or hard core? In C.J. Lammers & D.J. Hickson (Eds.), *Organization alike and unlike.* London: Routedge & Kegen Paul.

Hofheinz, R. & Calder, K.E. (1982). *The East-Asia edge.* New York: Basic Books.

Hofstede G. (1980). *Culture's consequences: International differences in work-related values.* Beverly Hills: Sage.

Kuo, S.W.Y. (1983). *The Taiwan economy in transition.* New York: Wertview Press.

Laaksonen, O.J. (1984). The management and power structure of Chinese enterprises during and after the Cultural Revolution: With empirical data comparing Chinese and European enterprises. *Organization studies,* 5(1), pp.1-21.

Lai, T. & Lam, Y. (1986). A study on work-related values of managers in the People's Republic of China. *The Hong Kong Manager,* Dec-Jan, pp.23-41; Feb-Mar, pp.41-51; Apr-May, pp.7-17.

Laurent, A. (1983). The cultural diversity of western management conceptions. *International Studies of Management and Organization,* 18, pp.75-76.

Levitt, T. (1983). The globalization of markets. *Harvard Business Review,* 83(3), pp.92-102.

Negandhi, A.R. (1979). Convergence in organizational practices: An empirical study of industrial enterprise in developing countries. In C.J. Lammers & D.J. Hickson (Eds.), *Organizations alike and unlike.* London: Routledge & Kegan Paul.

O'Reilly, C.A., Chatman, J.A., & Caldwell, D. (1991). People and organizational culture: A profile comparison approach to assessing person-organization fit. *Academy of Management Journal,* 34(3), pp.487-516.

Peters, T.J. & Waterman, R.H. Jr. (1982). *In search for excellence.* New York: Harper & Row.

Porter, M. (1985). *Competitive advantage.* New York: Free Press.

Redding, S.G. & Hicks, G.L. (1983). Culture, causation and Chinese management. Unpublished Paper. Hong Kong: University of Hong Kong .

Schein, E.H. (1983). The role of the founder in creating organizational culture. *Organizational Dynamics,* 12, pp.13-28.

Schein, E.H. (1985). *Organizational culture and leadership.* San Francisco: Jossey-Bass.

Schriber, J.B. & Gutek, B.A. (1987). Some time dimensions of work: Measurement of an underlying aspect of organization culture. *Journal of Applied Psychology,* 72(4), pp.642-650.

Tung, R.L. (1989). Chinese enterprise management. In A.B. Osigweh, Yg. (Ed.), *Organizational science abroad: Constraints and perspectives.* New York: Penum.

Yeh, R.S. (1989). On Hofstede's treatment of Chinese and Japanese values. *Asian Pacific Journal of Management,* 6(1), pp.129-160.

Yu, J. & Murphy, K.R. (1993).　Modesty bias in self-ratings of perfor-
mance: A test of the cultural relativity hypothesis.　*Personnel Psy-
chology,* 46, pp.357-363.

企業文化的解讀與分析
——以三個大型民營企業為例

劉兆明
輔仁大學應用心理學系

黃子玲
輔仁大學應用心理學研究所

陳千玉
政治大學心理學研究所

＊本文由第一作者執筆。文中研究一及研究二之資料，分別取自第二及第三作者
未發表之碩士論文，二篇論文均由第一作者指導；研究三之資料則取自第一作
者擔任企業顧問時所撰之技術報告。文中「研究者」指實際從事該研究之作者，
「筆者」則指本文執筆者（即第一作者）。

〈摘要〉

　　企業文化的研究，應以對個別企業的深入了解爲基礎。本文的三位作者，曾分別以不同身份進入企業，嘗試以不同方法了解個別企業的文化特性，或解讀其文化內涵意義。本文分別報告了三個研究的研究方法與結果。研究一採用契合取向，探討一家紡織業的組織特性、個人特性、及其間的契合程度。研究二根據Schein（1992）所提出的組織文化模式與對文化的解讀步驟，探討一家營建業的組織文化。研究三則是研究者以臨床取向的方法，應邀爲一家電機業建構其組織文化。這三個研究的共同目的，都是希望經由研究者對組織的親身參與，借用或修正國外學者提供的程序，以深入了解或體驗個別組織文化。本文最後並根據三個研究觀察所得，探討本土企業的文化特質，檢討企業文化的研究方法，並提出企業文化塑造與發展的可行途徑。

緒　論

文化及企業文化的意義

　　近年來，台灣的學術界及實務界開始重視「企業文化」這個課題。在學術界，以企業文化或組織文化為主題之研究陸續出現（如江永森，1986；丁虹，1987；黃明正，1987；劉炳森，1987；鄭伯壎，1990；洪春吉，1992；陳千玉，1995；陳家聲、任金剛，1995），在實務界，則有許多企業開始建立或推動本身的企業文化（如洪魁東，1988；信義房屋，1992；南陽實業，1993；鄭沼成，1994；李仁芳，1995）。一時之間，企業文化成為相當流行的語彙。但「文化」到底是什麼？「企業文化」又所指為何？是在研究或推動企業文化之前，應先釐清的問題。

　　文化的概念是由人類學而來，由人類學者所提出的文化定義，至少可羅列一百六十餘種（Kroeber & Kluckhohn, 1952），其爭議至今不息。較具代表性的文化定義包括「環境中的人造部份」（Herskovits, 1955），「一群人的生活方式」（Kluckhohn, 1967），或「共享的意義系統」（Shweder & LeVine, 1984）等等。心理學家Triandis（1972, 1994）曾將文化分為客觀文化與主觀文化。客觀文化（objective culture）是指可見的人造器物（如各種工具、器材、乃至於建築等等），主觀文化

（subjective culture）則是指每一個人的態度、價值、信念、角色以及所遵從的社會規範。人類由於成長經驗及彼此之間的互動、加上文化本身的擴散作用，形成相同或不同的文化群體，而語言、時間及空間，則是用以區辨文化異同性的指標。

　　Triandis對於主觀文化與客觀文化的分類，使我們很清楚地了解文化不只是博物館中展示的文物，也不只是「先人遺產」（這些充其量只是前人留下的客觀文化）。它更是在同一時期、同一地點、使用相同語言的一群人，所共享的信念或價值系統。由於時間有長短、地域有大小、語言有通用語言、方言、術語、行話之分，文化又有其相對性。例如相對於美國而言，中國是一個文化；相對於中國大陸而言，台灣自成一個文化；而在台灣之內，又各有不同的族群文化。對於在同一個組織工作的人而言，他們彼此之間有非常密切的互動關係，有意無意之間，都會形成組織內的文化。由文化相對性的角度來看，某一組織的文化固然有可能只是其所在地域文化或成員所屬民族文化的次文化（sub-culture），但隨著企業在國際間的購併、通信網路的普及以及企業內所使用的共同語言，跨國企業在強力的組織運作下，有時也能打破地域的藩籬，而形成本身特有的企業文化。

　　由此看來，當我們在討論組織文化時，其實是指組織內的個體所共享的主觀文化。在西方心理學的傳統上，過去都習慣使用「氣候（climate）」這個概念來描述團體或組織成員所共享的信念（如Lewin, Lippitt & White, 1939；Argyris, 1958；Forehand & Gilmer, 1964），組織氣候的測量工具也曾在七〇年代引入台灣，並在各型組織中進行了

許多相關的研究（許士軍，1972）。儘管近年來文化的概念已凌駕於氣候之上（Schneider, 1985），許多研究者也將組織氣候與組織文化的概念混合使用，但這二個概念在意涵上仍有不同。Glick（1985）就曾指出，「氣候」只是組織中的個體對其信念的個別描述，個體本身並不能形成文化。換言之，組織氣候是以個體為分析單位，組織文化則是以社群為分析單位（social unit）。在研究組織文化時，必須重視其脈絡（context），組織文化的核心元素，在於其成員「一致」或「共享」的價值或信念（Louis, 1983；Rousseau, 1988）。筆者近年來與企業界合作時，發現企業界經常將企業文化與經營理念、企業精神、標語口號、形象識別等觀念混淆，也有許多企業熱衷於企業文化的塑造。事實上，這些企業界常用的術語都和企業文化的概念有關，但不宜以偏概全。例如經營理念或企業精神當然是一種信念，問題在於這些信念只是老闆個人的理想，還是企業全員的共識？有的企業喜歡喊口號、貼標語，但是這些標語或口號的內容，員工是否真心的接受？理想的企業識別系統（CIS）固然應植基於經營理念或使命感（mission）之上，但實際上，許多企業在建立企業識別系統時，往往忽略了企業本身的文化內涵，而流於華而不實的商業設計（汪光宗，1993）。由文化的定義及形成歷程來看，無論是企業的經營理念、企業精神或形象識別系統，都應該建立在全員共識的基礎之上。任何一個已形成的團體或組織，不論領導者是否有意的塑造文化，文化都會因成員之間的互動而形成。因此，除了新成立的組織以外，在談文化塑造之前，恐怕得更虛心地去了解目前已形成的文化，並致力於共識的形成，才能真正塑造出理

想的企業文化。

企業文化的研究取向

企業文化的研究，由於研究者的訓練背景不同，關心的主題與使用的方法各異，形成相當多元化的風貌。筆者爲了論述的方便，將近年來較具代表性的企業文化研究概分爲描述取向、測量取向、及臨床取向等三大研究取向，分別說明如下：

□描述取向

描述取向的研究，主要在以歷史學或文化人類學的方法，對文化形成的時空背景及文化現象進行描述。在文化形成的歷史方面，Chandler（1977）曾以長達十五年的時間，根據相關的論文、記錄及其它二手資料，以鐵路運輸業（1850s-1900s）爲例，整理出美國傳統與現代商業在管理上的演化歷史。Dyer（1986）則研究家族企業的歷史，並用生命週期的概念描述組織文化的演進。日本學者堺屋太一（呂美女、吳國禎譯，1994）由更宏觀的角度，以日本歷史上豐臣家族、帝國陸海軍、及日本煤礦產業爲例，描述組織的興衰歷史。

在組織文化現象方面，Wilkins（1983）主張由組織中收集到的故事瞭解組織，Martin與Siehl（1983）則以通用汽車爲個案，先經由相關的調查文獻及開放式訪談，對企業進行概略的了解，再以企業活動爲主體，進行內容分析，最後將得到三個核心價值的描述。Sackmann（1992）亦曾以一家公司爲對象進行訪談，並輔以觀察及檔案資料，

得到文化與次文化的描述。

□測量取向

　　測量取向的研究，大多採用問卷調查及測量工具來研究組織文化。較具代表性的研究包括Ouchi與Johnson（1978）以問卷找出A型公司與Z型公司之間的文化差異。Hofstede（1980）以價值觀問卷對六十多國的IBM員工施測，以探尋並比較不同國家在文化向度上的差異，並企圖以儒家價值說明亞洲地區的經濟成長（Hofstede & Bond, 1988）。Cooke及Rousseau（1988）曾經發展一套組織文化量表（Organizational Culture Inventory），並建立了信度與效度（Cooke & Szumal, 1988）。至於台灣在組織文化方面的研究，大多為測量取向（繆敏志，1993）。不過，許多研究的主題雖為組織文化，但實際上却使用的是組織氣候的測量工具。在筆者所收集的資料中，只有丁虹（1987）與鄭伯壎（1990）兩篇研究眞正在測量組織文化或組織價值觀。

　　近年來有關人與組織契合（person-organization fit）的研究，是測量取向的新方向。契合研究是以同一工具，同時測量個人價值觀與組織價值觀，並探求二者的契合程度，其主要測量工具是由O'Reilly, Chatman及Caldwell等人（1991）所發展的組織文化剖面表（Organizational Culture Profile），以Q分類的方式測量。郭建志（1992）則以鄭伯壎（1990）及O'Reilly等人（1991）所編的量表為題庫編製問卷，用以測量個人對組織文化價值觀知覺與期待之間的符合程度。

□臨床取向

　　臨床取向的研究，是Schein（1987）所力倡的組織文化研究取向。研究者以顧問的身份進入組織，爲組織解決其所面臨的問題，進而更深入地了解組織。Schein（1992）曾以多年的顧問經驗爲基礎，提出三個層次的文化模式。這三個層次分別爲可見的人爲事物（artifacts）、外顯價值（espoused values）、以及深層的基本假定（basic underlying assumptions）。Schein認爲基本假定才是文化的核心。他又進而提出六個基本假定向度，分別爲現實與眞理的本質、時間的本質、空間的本質、人性的本質、人類活動的本質以及人際關係的本質。

　　以上的取向分類並不是完全互斥的。例如臨床取向的研究結果往往是描述性的，這二個取向之間最大的差別，在於研究者進入組織的角色。有些研究也往往以某一取向爲起點，而得到另一取向的結果，例如測量取向的研究就經常以描述取向（如Hofstede, Neuijen, Ohayv & Sanders, 1990）或臨床取向（如鄭伯壎，1990）的方法收集初步的資料，再進而發展爲測量工具。研究者會採取何種取向進行研究，端視其研究目的及興趣而定。

文化對企業文化的影響

　　任何企業或組織的文化都受到所在地或成員所屬文化的影響。自七〇年代後期以來，由於東亞地區在世界經濟舞台上的卓越表現，以及跨國公司在跨文化管理上的迫切需要，使西方學者非常熱衷於組織

價值觀及管理方面的跨文化研究。其中以Kahn（1979）所提出的後儒家假說（Post-Confucian hypothesis）及Hofstede（1980）的文化向度最具代表性。台灣的心理學者近年來也致力於探討本土文化對於企業組織的影響，其中黃光國（1988a, 1991）致力於以結構主義的觀點建構其理論。鄭伯壎（1995）則以臨床取向的方法直接進入組織，探討家族主義對於組織行爲的影響。

　　西方學者在解釋東亞經濟發展的文化特性時，大多是以儒家倫理爲基礎。他們認爲儒家思想中包含了一套可引發人民努力工作的價值系統，形成一種良好的工作倫理，進而提升生產力，促進整個社會經濟快速而蓬勃的發展。Kahn（1979）的後儒家假說，就指出儒家文化具有以下四項特質：(1)家庭中的社會化方式促成個體的沈著節制，努力學習，並重視工作、家庭、與責任，(2)具有協助所認同之團體的傾向，(3)具有階級意識，且認爲階級的存在理所當然，(4)人際關係之間具有互補性。在與階級意識結合後，可促進組織內的公平感。例如老闆以一種父權式的關懷使部屬願意合作，上下關係得以互補，而不致產生怨憤。楊國樞與鄭伯壎（1987）爲了驗證此一假說，編製了一份「傳統價值觀量表」，用以測量「家族主義」、「謙讓守份」、「面子關係」、「團體和諧」及「克難刻苦」等五組儒家化傳統概念。他們發現傳統價值觀與工作偏好、組織投注、工作績效等各變項之間皆有正相關，亦即儒家倫理與良好組織行爲之間有直接而明顯的關係。

　　Hofstede（1980）則以四個文化向度比較了40個國家之間的差異。東亞地區在這四個文化向度表現出來的特性，偏向於較高的權力差

距、較規避不確定的情境、傾向於集體主義以及較男性化。這四個文化向度都可能造成組織文化上的差異。例如高權力差距可能會造成中央集權制度與金字塔型的組織結構；對於不確定性的規避，則會在組織中有較多的規章條例以及儀式或慣例行為，具有強烈的依規定行事取向，並且尊重權威與階級制度；集體主義會傾向於以忠誠及責任作為組織政策與運作的基礎，員工也會期望組織像家庭一樣照顧他們；在較男性化的向度上，則會影響組織成員認為只要為了團體利益，就可干涉個人的私生活，且組織中較少女性位居高位。事實上，Hofstede（1980）的量化資料在亞洲國家中，仍有很多差距難以解釋。例如在規避不確定性的向度上，日本和台灣的得分很高，香港和新加坡則很低，幾乎位於兩個極端，使其由平均數所得到的各種組織與文化之間的組合在解釋上相當牽強，有時且互相矛盾。

在以儒家思想解決東亞經濟發展的熱潮中，黃光國（1988a）也致力於由結構主義的觀點，提出理論上的解釋。黃氏借用康德的概念，認為儒家思想在本質上是「實踐理性」，而不是「形式理性」，這種「實踐理性」蘊涵有一種旺盛的成就動機。黃氏認為儒家思想的主要內容，是以「仁、義、禮」三個概念為核心所建構起來的倫理價值體系。這一套倫理價值體系自漢代取得正統地位之後，就不斷地透過語言文字及各種文化產品，型塑中國人的思想與行為，成為民族集體潛意識中深層心理結構的一部份。為了說明此一倫理價值體系如何影響個人行為，黃氏提出了一個人情與面子的理論模式（黃光國，1988b），討論儒家倫理如何鼓勵個人以不同的法則（需求法則、人情法則或公平法

則）和不同關係（工具性關係、情感性關係或混合性關係）的人交往。
在建構了以儒家倫理爲基礎的理論模式後，黃氏更進一步鑽研法家思
想，企圖建構出本土的組織與領導理論（黃光國，1991）。

　　鄭伯壎的研究取向則與黃光國大異其趣。鄭氏多年來一直投身於
華人組織與領導行爲的研究。他雖然曾受Schein（1985）的啓發，在一
家外商公司以持續的團體面談，建構了該公司的組織文化價值觀向
度，但其後又急於將資料量化，且在不同公司施測。由於過度重視測
量工具的建構，而未能深入探討文化本身的內涵意義（鄭伯壎，1990）。
不過，鄭氏以臨床研究取向實際介入組織的努力，倒是在其後領導行
爲的研究上大放異采。在最近發表的一篇論文（鄭伯壎，1995）中，
鄭氏深入地分析了文化特質（家族主義與差序格局）如何影響企業主
持人的價值觀，而企業主持人又如何運用不同的標準（關係、忠誠、
才能）將員工歸類，進而與員工產生不同的互動。

筆者的省思

　　從以上引述的研究看來，雖然東西方學者都肯定文化對組織行爲
有一定的影響，但是學者對企業文化的了解却相當有限。筆者認爲過
去的企業文化研究，有一些地方是值得研究者省思的：

　　第一、在文化的概念或研究分析單位上，過去的組織文化研究常
以個體爲分析單位，將組織文化窄化爲對組織成員個別價值觀的測
量。雖然在概念上，學者早已指出研究文化應以社群爲分析單位，在
研究組織文化時，必須重視組織脈絡（Glick, 1985），但是這方面的研

究還非常少見。

第二、在研究取向上，許多研究者對文化常有一個先入爲主的觀念，再由其預設發展概念或測量工具。例如在組織文化研究中，西方學者往往認定個人主義與集體主義是東西文化差異的主軸（Triandis, 1994），而要解釋東亞國家的經濟發展時，學者們又認定東亞國家必受儒家思想的影響（如Kahn, 1979；Hofheinz & Calter, 1982；黃光國，1988a等等）。這些預設無異爲研究者戴上有色眼鏡，也很容易由套套邏輯得出一廂情願的結論。

第三、在研究方法上，許多研究雖然在組織中收集實徵資料，但所使用的測量工具，却往往受限於其本身的概念架構，而不能眞正測量出個別組織的文化特徵或全貌。學者們熱衷在不同的地區、行業或組織間做比較，却很難深入了解個別組織的文化。如果我們對企業組織本身都不了解，又如何能建構企業文化的知識？更遑論在跨文化管理實務上，因此而造成的誤解與偏見了。

本研究概述

基於以上的省思，筆者認爲企業文化的研究應以對個別企業的深入了解爲基礎。研究者應積極地找出一些方法，讓研究者及企業本身都能眞正地了解其文化。本文以下所報告的三個研究，是由三位作者分別以不同身份進入企業，嘗試以不同的方法了解個別企業的文化特性或解讀其文化內涵意義。研究一採用契合取向，探討一家紡織業的組織特性、個人特性及其間的契合程度。研究二根據Schein（1992）所

提出的組織文化模式與對文化的解讀步驟，探討一家營建業的組織文化。研究三則是研究者以臨床取向的方法，應邀為一家電機業建構其組織文化。這三個研究的共同目的，都是希望經由研究者對組織的親身參與，借用或修正國外學者所提供程序，以深入了解或體驗個別組織的文化。這些研究都是初探性質。研究者希望經由對本土組織的探索與了解，逐步累積有關本土企業文化的資料，以對企業文化的內涵有更深入的認識。在管理實務方面，研究者也希望能發展出一些具體可行的企業文化解讀步驟，協助企業界真正了解或建立本身的文化，並在尋求共識的過程中，落實企業的經營理念，進一步提升整體的經營品質。在跨文化管理方面，本文雖未進行跨國企業或跨文化之間的比較，但筆者相信跨國企業若能深入了解本身的企業文化，一方面有助於建立跨國間共同的價值信念。另一方面，亦有助於適應當地的文化。本文所提供的文化解讀程序，或可對跨文化間的了解也有一些幫助。

研究一

研究對象：甲公司

　　甲公司為一家大型紡織業，創立於一九六〇年代，先在台灣北部地區成立毛紡廠，七〇年代初期，成立染料廠，八〇年代初期，在中

南部設立從紡紗、織布、到染整一貫作業電腦自動化工廠，於八〇年代後期，全廠正式運作生產。該公司目前總公司及工廠均設於中南部，現有資本額十餘億元，員工人數在一千人以上，居全國製造業排行前二百名內，曾連續數年獲頒國貿局進出口實績優良獎，並當選勞委會勞資關係優良事業單位。

研究者經由父執輩的介紹，以研究生的身份進入甲公司進行研究。研究者最初曾攜帶一份研究計劃說明書，拜訪該公司的常務董事、協理及相關部門主管，說明研究目的及進行方式，獲得一致支持。

研究訪談對象分爲經營者、部門主管、現職員工及離職員工等四類。實際受訪者計16人，包括總經理1人，協理及廠長共3人，現職員工8人，離職員工4人。受訪對象若以性別分，計男性13人，女性3人。以教育程度分，大專以上13人，高中以下3人。以年資分，20年以上者2人，10年至20年者4人，4年至10年者4人，3年以下者6人。以工作單位分，除總經理外，行政單位8人，現場單位7人。

研究程序

本研究先以訪談法收集組織價值觀的初步資料，經由解讀過程，轉化爲可供測量的陳述句，並分別形成描述組織特性與個人特性的價值觀類別。其具體步驟如下：

□訪談及錄音謄稿

本研究首先以半結構式訪談收集資料，訪談於1992年7月間進行。

受訪者中之現職員工皆由研究者至甲公司進行一對一之錄音訪問，訪問時間平均約40分鐘。離職者由於居住地點分散，且不願接受當面訪問，由研究者以電話進行訪問。

　　訪問進行初期，研究者對甲公司尚未有深入的了解，訪談內容大致遵循事先擬妥的訪問大綱進行。但訪問中期以後，由於研究者已能掌握組織及訪談的脈絡，不再受限於訪問大綱之內容，訪談氣氛也較輕鬆，有助於研究者對組織更深入地了解。

　　訪談後，研究者將錄音帶逐字謄稿。離職者部份，則根據電話訪問當時的筆記整理為訪談稿。

□萃取與價值觀或信念有關的陳述句

　　研究者最初在整理訪談資料時，原擬以文獻中所述之組織價值觀（Schein, 1985；鄭伯壎，1991）為分類架構，但實際在進行分類時，研究者發現許多原始資料無法放入文獻中所定義的價值觀項目或類別，乃放棄了文獻的框限，而嘗試直接由訪談資料來萃取價值陳述句，以忠實呈現訪談資料中所隱含的組織價值。

　　萃取價值陳述句是以小組方式進行。小組由研究者本人及二名以工業與組織心理學為主修的碩士班研究生組成，每人各自閱讀訪談稿，將其認為重要的組織價值陳述用筆劃記，再將原始訪談資料改寫為陳述句之形式。對於訪談資料明顯陳述的價值觀以忠於原稿為原則，僅略作字面及文句上之修飾，但在萃取過程中，小組成員也不會拘泥於表面的文字敍述，而經常跳離原稿，深思談話內容背後隱含之

意義，找出其隱含之價值觀。在三人分別完成萃取及改寫的過程後，交由研究者統整，共獲得246項價值陳述句。

□ 小組共識討論

由於小組成員在萃取價值陳述句時之角度或觀點未必相同，因此小組成員乃針對其所萃取之246項價值陳述句逐項討論，以形成共識。討論重點有二，一是對三人「不約而同」所發現的價值觀，作字義上的歸納統整，另一則是針對個別提出的價值觀，確認其意義。最後形成134項具有共識的價值陳述句，其中60項是有關於個人特性的陳述，74項為組織特性的陳述，經指導教授（即本文第一作者）再加潤飾後定稿。

□ 組織成員確認

價值陳述句定稿後，研究者設計了一套特殊的測量方法，以確認這些價值陳述句在組織中的代表性。研究者將每一項陳述句逐一製作為卡片，每張卡片各有一項價值陳述句。然後將卡片以一對一的方式交由原受訪者進行重要性的評定分類。在原12名在職受訪者中，有三人分別因調職、出差或公忙等因素，未便進行評量，故實際上獲得9人的評量資料。評量的方式是請原受訪者將有關個人特性陳述之卡片依其重要性分類，指導語為：「您認為在貴公司工作的人，需要那些特質、想法或條件？請您對於每一張卡片上的敘述，就其重要性分別放在不重要、有一點重要、相當重要或特別重要的盒子中」。有關組織特性陳述之卡片，則請受訪者依陳述句的內容是否能代表甲公司，將卡

片作不能代表、有一點代表性、相當能代表、特別能代表的分類。卡片係以隨機順序交給受訪者。受訪者在分類過程中則可不斷地調整每一張卡片的位置，直到其確定每一張卡片真的重要性或代表性都獲得適當分類為止。

這一套卡片分類的公式，類似於Q分類法。但與Q分類最大的不同，是研究者有意避免Q分類法中的強迫分配，以免扭曲了資料的意義。卡片分類的目的，其實與傳統的評定量表法（rating scales）相同，本質上就是一種四點評定量表。但以卡片分類的方式，可避免問題出現先後次序的影響及固定化反應等缺點，且受訪者可經由不斷調整分類的過程，反映出其內心較接近真實的判斷。在實施過程中，研究者也發現受訪者對此種測量方式很有興趣，配合意願相當高，也間接提升了資料的可信度。

根據受訪者的評量，在134項價值陳述句中，只有一項被受訪者評為「不重要」。在刪除該項陳述句後，其餘133項陳述句中有60項被確認為甲公司成員所需具備的個人特性，另外73項則是可用以代表甲公司的組織特性。

□ 組織價值觀分類

在確認了價值陳述句的重要性與代表性後，研究者再度以步驟㈢的小組共識討論方式對組織價值觀進行分類，在個人特性及組織特性方面各得到5個類別，各類價值觀的意義稍後將於研究結果中說明。

□測量工具的修訂

　　研究者根據步驟四所得的評量資料進行項目分析，求得各項目與其所屬類別總分之間的內部相關，並據以刪除相關係數偏低的項目。在總計十個類別133個項目中，共刪除32項，餘101項中，個人特性44項，組織特性57項。由10個類別所組成的分量表中，組織特性的內部一致性係數（Cronbacha）自.84至.91，中數爲.88；個人特性的內部一致性係數則自.72至.90，中數爲.80。

□人與組織契合的探討

　　研究者先在邏輯上思考組織特性與個人特性各類別間的可能對應關係，再以相關係數檢驗這些對應關係是否獲得實徵資料的支持。

研究結果

　　經由以上的程序，研究一找出了最能代表甲公司企業文化的五類組織特性，以及在甲公司工作，所需具備的五類個人特性。其意義分述如下：

□組織特性

　　全員一體。指員工與公司有像家一樣的共同體感受。公司有明確的目標，在共識的基礎下，上下一致努力達成。主管與部屬間同心協力，主管會告訴部屬成功或失敗的經驗，會主動協助新進人員熟悉狀況，員工也會考慮老闆的理念行事，且對公司有經由情感認同而形成

的向心力。

　　人力至上。公司視人爲最重要的資產，尊重且重視人力資源的發展。因此，公司提供人員教育訓練的機會與健全的制度，在人力培訓上有長期的規劃，不用空降部隊，只要員工肯努力，表現好，就有升遷的機會。鼓勵員工在職進修，並提供工作上自由調度的空間與磨練的機會，以有效地發揮人力，達到適才適用的目的。

　　照顧體恤。公司像個大家庭，上下打成一片，人情味濃，老闆或上司像家長一樣地照顧或體恤部屬，重視員工生活的保障，強調終身雇用，特別照顧資深員工，公司提供安定的環境，沒有裁員的顧慮，且福利優於同業。只要員工合理的反應，主管都會接受。主管也會主動幫助員工處理工作上遭遇的困難。

　　踏實經營。經由制度的建立，在合理化中不斷地進步，以穩定的品質，達成永續經營的目標。在制度化方面，包括工作職責的劃分、人力培訓、升遷、激勵、加薪等等，都有制度可循，且各部門間都能配合。公司的管理從小處著眼，再看大處是否成功。重視節約能源，降低成本；相信品質是人創造出來的，努力達到客戶要求的品質。

　　前瞻創新。相信沒有進步，就是落伍，爲了避免被淘汰，必須在管理上不斷地調適，求新求變，努力收集資訊情報，積極開發新產品。

　　除了以上的組織價值觀分類外，在甲公司的訪談資料中，也隨處可見「老闆」的影子。在74項有關組織特性的陳述句中，有7項直接爲對老闆個人的描述，包括老闆有事業家的風範、眼光比別人遠、不斷地求新求變、很照顧資深員工、和員工間人情味濃、公司會依老闆的

目標用人、員工也會考慮老闆的理念而行事。

□ 個人特性

整體性。指個人的思想與行為能考慮到公司整體，認同公司，關心公司事務，並以公司為榮。在具體的工作行為上，包括與同事休戚與共、同甘共苦、分工合作、共同完成工作目標；反應部屬或同事意見，建議改良不合理的制度，肯把經驗教給部屬或同事，且會照顧部屬或需要幫助的同事。

積極性。指個人在工作態度上積極進取，具有敬業、投入及追根究底的精神。能迅速有效地完成主管交代的任務，做事能爭取時效性，注重工作的細節，有想把事情做好的好勝心，重視工作的品質，即使不會的事情也努力嘗試。

發展性。指個人重視學習或發展的機會，具有前瞻性的眼光與創新的構想，充實自己，求新求變，追求成長與進步。在工作上，能了解市場及環境的變化，不斷地進行改善。

忠誠性。指個人對公司的效忠與服從。能刻苦耐勞，腳踏實地，品行端正，勤奮純樸，對人厚道，講義氣，念舊而不忘本。

和諧性。指個人盡力維持人際關係的和諧，包括親切，溫和的行為，有人情味，能上下打成一片。

□ 人與組織的契合

為了解組織特性與個人特性各類別之間的相互對應關係，研究者先針對各類別的內涵意義提出邏輯上的二大類對應關係。一是相似性

的對應關係，意指某一組織特性在內涵意義上與某些個人特性相近。例如在「全員一體」的組織特性下，個人應具有「整體性」及「和諧性」；以此類推，「人力至上」與「發展性」之間，以及「踏實經營」與「忠誠性」之間，也有相似的對應關係。另一種對應關係，則是互補性的，意指不同特性之間，藉著彼此互補而達成某些目的。例如「照顧體恤」和「忠誠性」與「和諧性」之間都有互補的關係。「照顧體恤」是一種上對下的關係，「忠誠性」則是下對上的關係。個人藉著對組織的效忠，而換來老闆或組織的照顧，以獲得安全又有保障的工作環境。「照顧體恤」和「和諧性」之間，則在組織內的人際關係上可說是一體的兩面。照顧體恤由組織的角度出發，和諧性則由個人角度出發，目的都是在維持上下關係的和諧穩定。

　　以上六組對應關係中，「踏實經營」以及「照顧體恤」二類組織特性，均和個人的「忠誠性」有顯著相關（分別為 $r = .91$，$p < .001$，以及 $r = .70$, $p < .05$），其餘四組對應關係未達顯著。但另有三組特性之間雖未有上述的邏輯對應關係，仍然得到顯著相關，分別是「照顧體恤」和「整體性」（$r = .80$，　$p. < .01$），「踏實經營」和「和諧性」（$r = .80$, $p < .01$），以及「經營踏實」和「整體性」（$r = .69$, $p < .05$）。

　　由於據以計算相關係數的樣本極小（$N = 8$），相關係數並不穩定。這些對應關係只是試探性質，僅提供對契合觀點有興趣的讀者參考。至於契合觀點本身在理念與方法上仍有值得爭議之處，例如在理念上，個人與組織的過度契合是否會使人員的同質性過高，而阻礙了組織的創新？在研究方法上，本研究的組織特性與個人特性資料皆由同

一組織或成員獲得，二者的對應關係可能只是反映受訪者在認知上的一致性，而不能視作組織內個人與組織契合程度的指標。由研究的主要目的是在藉由組織與個人特性了解企業文化，有關契合觀點本身的問題，值得後續研究者進一步探討，本文在此不擬再深入討論。

研究二

研究對象：乙公司

乙公司為一家大型建設及營造公司。該公司原以紡織業起家，後來陸續投入營建、金融、貿易等行業，形成一企業集團。本研究僅就其建設及營造部份進行研究。該公司負責人的學歷很高，他在父親過世後，繼承了原有的紡織事業，並在一九七〇年代先後成立了建設公司及營造公司。當時員工不到十人，目前員工已有二百多人。公司資本額由新台幣一千五百萬元成長至十億元以上，至九〇年代初期，年營業額已成長至三十多億元以上。在員工素質方面，平均年齡約32歲，碩士以上學歷約占五分之一，大專學歷約達百分之八十，只有不到百分之三的員工學歷在大專以下。在組織結構方面，除設有開發、財務、業務、工務等部門外，董事長下設有總稽核室及特別助理室，總經理下則設有總經理室。在人與人之間的關係上，該公司許多員工的學歷背景相似，彼此常以學長或學弟妹相稱，但負責人與高階主管以及高

階主管之間並無血緣或親戚關係。

　　研究者經由校內老師及學長的介紹，以實習生的身份進入乙公司進行研究。研究者最初亦曾攜帶研究計劃拜訪該公司人力資源部協理，其後研究者又邀請指導教授與協理懇談，在對研究目的與研究過程充分了解後，協理允諾乙公司全力支持本研究，並安排研究者適當的職位，經由正式引介進入公司實習。

　　在二個月的實習以及其後半年的追蹤訪問期間，研究者與乙公司員工有廣泛的接觸。即使是平日的閒談，也有助於研究者對該公司組織脈絡或文化的了解。除了非正式的接觸外，由研究者正式邀訪的受訪者計11人。其中男性8人，女性3人；以職位分，高階主管5人，中階主管3人，專員3人；年資的涵蓋範圍，由新進員工（不滿一年）到開業元老（15年以上）都有。學歷方面，則包括碩士5人，大學1人，專科4人，高職1人。研究者與研究對象之間，無論是正式訪談或非正式的接觸，也不論對象是高階主管或一般員工，研究者都感受到友善的對待，很少遭遇排斥或防衛，經常碰到的是對方「知無不言，言無不盡」的熱情與誠懇，使研究進行得相當順利。

研究程序

　　本研究以田野參與觀察及訪談法收集資料。研究者原有意遵循Schein（1992）所提供的組織文化架構及其解讀程序來收集並分析資料，但在實際進行研究時，因研究者角色與實際面對的組織環境並不相同，研究者亦依實際需要修正，其具體步驟如下：

□與組織建立關係，準備進入組織

本研究於1993年10月開始與組織接觸，研究者與組織建立關係的途徑，是先找一位內部關鍵人物（key insider，即前述之人力資源部協理），雙方經由充分的討論溝通，建立彼此的共識，並兼顧研究者與組織雙方的立場與需要。在經過二次的討論後，雙方協議研究者每週到公司實習二天，實習期間二個月，實習地點在人力資源部，工作內容包括協助訓練需求調查、員工意見反應調查、協辦活動、參與會議、拜訪工地以及發送內部刊物等。公司並比照一般新進人員為研究者安排輔導人，研究者若有工作適應上的問題，可向輔導人求助。

□有系統地觀察與紀錄

研究者進入組織後，藉著工作上的接觸，以及參與訓練、會議、或各種活動的機會，仔細觀察組織成員間的互動與工作方式，並特別注意那些出人意表、令人疑惑不解的事情。研究者隨身攜帶一個小記事本，隨時記下所觀察的事情，或內心的疑惑。記錄的原則是愈詳細愈好。研究者在下班後，將當天的記事整理為田野日記，並交由指導教授閱讀。指導教授以一個對組織毫無所知的第三者身份，經由研究者的日記，了解當天在組織內發生的事情。如果有歷歷在目之感，表示記錄詳實，若有模糊不清之處，指導教授會請研究者再加以補述，直到雙方都認為記錄確實為止。

□選定有意願的接觸對象或受訪者，建立投契關係

　　研究者以一個外人的身份，欲在短期間對組織文化有深入的了解，必須經由內部人員的協助。在尋找接觸對象或受訪者時，最重要的考慮是研究者能否與其建立互信且開放的投契關係。研究者在參與訓練活動時，與組織成員有初步的接觸，其後在主動邀約受訪對象時，組織成員都樂於配合，即使在很忙碌的情形下，也都表示願意幫忙，令研究者相當感動，也為日後的訪談建立了很好的基礎。

□初次訪談：澄清疑惑，更深入地了解組織

　　在與內部人員建立投契關係之後，研究者便開始利用正式或非正式的訪談機會，和受訪者分享自己所見所聞，並提出內心的疑惑。在正式訪談時，研究者先說明研究目的及在研究倫理方面的考量，研究者保證訪問內容只作研究用途，並負責對受訪者身份保密。請受訪者放鬆心情，暢所欲言。此時研究者仍對組織所知有限，訪談的內容還是側重對公司的了解。但由於已有事先的觀察作基礎，訪談過程中可經由對疑惑的澄清，而更深入地了解組織。

□二次訪談：尋求組織成員對組織現象的解釋

　　二個月的實習期間結束後，研究者將實習期間所收集的資料加以整理，思索其意義，然後對前一步驟的受訪者進行二次訪談。研究者先請受訪者說明所觀察到的一些行為表象的真正意涵，有時研究者也會提出自己的想法，請受訪者加以修正或解釋。

□ 資料建構與解讀

在累積了大量的田野記錄及訪談資料後，研究者嘗試以Schein
（1992）提出的文化模式建構與解讀資料。最先需要面對的問題，是
資料內容應歸屬於模式中的那一層次或類別？研究者將田野資料中有
意義的單位？可能是一個事件、一段談話、一個制度或觀察到的一些
行為等等，逐一製成資料卡，再利用卡片不斷地進行歸類及調整。研
究者先自行嘗試找出橫向的關聯──那些事物可能反應出同樣的價值
觀；以及縱向的連結──由某些人為事物導引出其外顯價值觀以及更
深層的基本假定；有時也會反向而行，由已浮現的基本假定或價值，
尋求更多人為事物的實例支持。

其間的過程並不順遂，經常遭遇難以突破的困難。有時勉強得出
一些分類或解析，當帶回組織與內部人員分享時，却發現許多事情和
研究者的理解並不一致，所幸受訪者都願意再作說明或解釋，使研究
者得以修正原有的想法，如此不斷地反覆思考與修正，逐漸得到組織
內部人員較多的支持與認同。

資料解讀的過程雖然繁複，但也不斷地擴大研究者的視野與深
度。研究者雖以Schein（1992）的文化模式作資料建構的起點，但在解
讀過程中，也發現有些現象無法由Schein提出的向度予以適切的解釋，
研究者此時再參閱其他文獻，或以自己的知識背景深入思考，使資料
分析的架構不完全受限於單一理論模式，研究者對乙公司的理解架構
也逐漸形成。

□ 以文字表述組織的文化意涵

　　田野資料本身大多為事實的敘述，經由上述資料建構與解讀過程，研究者已能由事實性的資料中萃取出抽象層次較高的文化意涵。在與指導教授討論後，研究者將所理解到的文化意涵進一步用文字表述，其形式與Schein（1992）的文化模式相同。研究者具體說明了乙公司在其企業文化上可能具有不同向度的基本假定（即深層價值），以及由各種基本假定所衍生出來的外顯價值及其具體事例。

□ 組織成員確認與思辨

　　研究者將以文字表述的組織文化描述帶回組織，與組織內部成員討論研究者對公司文化所做的詮釋。研究者儘量鼓勵成員提出對立的觀點，以刺激進一步的思考辯證。對於獲得共識的詮釋，研究者尋求更多組織運作上的支持事例，若研究者手邊還有無法解釋的人為事物，也於此時與成員討論，以尋求合理的解釋。

□ 寫出組織文化的正式描述

　　研究者根據上述步驟討論的結果，修正步驟七的文字表述，對乙公司的企業文化提出正式的描述，其內容將於本文稍後摘述。

□ 組織文化模式的再思考與實務上的建議

　　由於本研究以Schein（1992）的文化模式作為資料建構的起點，研究者在解讀過程中雖曾企圖避免單一模式的限制，最後獲得的文化描述形式上仍與Schein（1992）的層次與向度頗為接近（但在內容上則大

異其趣）。研究者針對此一文化描述重新思考，又在文化層次上提出了與Schein不同的理論見解。研究者並進一步提出幾項與組織文化有關的理論性觀點。在實務方面，研究者也對乙公司提出後續行動的建議，以凝聚組織共識，將本研究的結果與公司人事政策、訓練、組織識別系統、以及組織發展等實務上的需求結合。

　　由以上程序看來，本研究是以收集經驗性的事實資料著手，在解讀過程中，再逐漸提升其抽象層次。Louis（1985）曾提出資料解釋的六個層次。解釋層次愈低，愈貼近受訪者的行為經驗，隨著解釋層次的提升，研究者與受訪者的距離及其所陳述的事件愈來愈遠，解釋也愈來愈抽象，而達到由經驗事實抽離出理論原則之目的。本研究的資料解讀程序，正反映了研究者逐級提升解釋層次的意圖。步驟四的初步訪談，目的在收集貼近於受訪者經驗的事實性資料，步驟五的二次訪談，則尋求第一層次的受訪者本身對組織現象之解釋，步驟六至八經由研究者的思考及其與受訪者之間的反覆溝通，解釋逐漸提升到第二層次(受訪者與研究者協商後的解釋)及第三層次(研究者的解釋)，而另一位研究者（指導教授）的參與，又使解釋再度提升到第四層次(研究者與研究者協商後的解釋)。

　　本研究之程序與Schein（1992）所述的主要差異則在Schein於步驟五時，即和組織成員一起找出最深層的基本假定，本研究在實際操作時，發現要直接由受訪者的行為經驗導引出基本假定，不僅在事實上相當困難，而且Schein的程序忽略了外顯價值的解讀，多少也偏離了他自己提出的文化模式。本研究綜合了Louis（1985）與Schein（1992）的

建議，在程序上顯得更為嚴謹。

研究結果

　　研究二是以Schein（1992）的文化模式作為資料建構的起點，對乙公司的文化描述亦包括了人為事物、外顯價值與基本假定等三個層次。本文由於篇幅所限，以敘述抽象層次較高的基本假定與外顯價值為主，人為事物僅在必要時舉例說明。在文化描述之後，筆者將進一步說明組織價值觀在組織中衍生的後果，以及研究者對文化模式再思考後，對於基本假定各向度間關係所作的探討。

□基本假定與外顯價值

　　如前所述，Schein（1992）曾經提出組織文化的六個基本假定向度，分別為人際關係的本質、現實與真理的本質、人性的本質、人類活動的本質、時間的本質以及空間的本質。研究二並未發現有關空間本質的資料，因此，僅用五個向度描述乙公司文化的基本假定，相對應於Schein（1992）的概念，分別命名為人際觀、事實觀、人性觀、行動觀及發展觀。

　　泛家族主義的人際觀。人際觀是組織中人與人建立關係的基礎。西方學者大多以個人主義或集體主義論述東西方文化在人際觀上的差異，也有學者認為家族主義是台灣企業的特色（如鄭伯壎，1991）。乙公司經營階層各成員之間沒有血緣關係，並非學者所定義的家族企義，但在人際關係上，却時有家族主義的特徵。公司內部上下與同事

之間，經常出現尊卑老幼的互動關係，以類似家族的結構運作，研究者因而借用楊國樞（1992）所提出的泛家族主義概念，描述乙公司內部的人際關係。由泛家族主義，衍生出上對下的感情照顧、下對上的敬畏、同事間力求和諧以及人才進用重視共同背景與經驗等外顯價值。

　　1.感情照顧：在上位的人，很重視與部屬之間私人感情的建立與維繫，盡力照顧並滿足部屬的需要。高階主管固然能感受到董事長在工作之外的照顧，對部屬也相當關心。當員工有私人問題或遭家庭變故時，公司高階主管都會主動關心或協助，讓員工有刻骨銘心的感受。例如員工生病時，主管會主動幫忙找醫生，安排住院事宜；曾有一位新進人員母喪，公司總經理親自送葬上山。公司主管有時也會注意到員工是否按時用餐等生活細節。

　　2.敬畏：公司內部重視尊卑長幼的倫理，部屬對主管都相當恭敬，對上以職稱相稱，不可直呼名諱，以示尊敬；平日謹言慎行，不敢造次；上下之分明顯，部屬對上提出報告或與上級開會時會感覺很緊張；董事長平日相當威嚴，不易親近，但倍受尊敬。他不會當面稱讚部屬，但當部屬間接獲知其肯定時，却有深刻的感受。

　　3.和諧：同事之間和平共處，互助合作，彼此以手足相待。總經理曾比喻公司是個大家庭，董事長像父母，總經理則自喻為長兄。平日不論在生活或工作上，都感覺是一家人。大家中午一起訂便當、過生日、開車購物、打球，甚至晚上在工地烤肉；在工作上一有問題，則彼此互相支援，不分職級、部門，同心協力完成任務。

4.共同背景與經驗：在人才進用上，雖無血緣關係，却很重視共同背景經驗。公司重要主管都和董事長有「同門」關係（**包括同學、學長、學弟妹、學生等**），公司平日找人也大多透過同仁介紹。共同背景經驗增加了彼此的信任，學長提拔後輩則被視為理所當然。

道德主義的事實觀。事實觀是指組織成員如何判斷事實，也就是決定真假對錯的標準。Schein（1992）曾引用England（1975）對於道德主義（Moralism）與實證主義（Pragmatism）的區分，說明組織成員如何判斷與接受所謂的「現實與真理（reality and truth）」。根據England與Schein的說法，道德主義與實證主義是一個連續向度的兩端，道德主義者傾向於以傳統道德價值或宗教上的信念為其判斷標準，接受上帝的旨意，經文的教誨，先知先賢的訓示，或是法定領導者的領導。實證主義者則傾向於以客觀證據、經驗或論辯等過程，來判斷事實。根據研究者對乙公司的觀察，公司成員對於事實的認定較接近道德主義，以組織最高領導人的意志為依歸，公司並不鼓勵收集客觀證據來說服上司，也不鼓勵在會議上有激烈的辯論。由於道德主義色彩濃厚，衍生出上對下的家長權威，以及下對上的服從等外顯價值。

1.家長權威：公司最高領導人（**董事長**）有如大家庭的家長，具有絕對的權力與權威，不容部屬挑戰，公司重要決策也都由最高領導人決定。例如公司裝置了電話語音系統後，某日因董事長打電話找總經理，電話轉來轉去找不到人，董事長一怒之下，下令關掉語音系統，一律由人工轉接，公司在半小時之內就取消了語音系統。由於電話不斷，許多同仁只得放下工作，支援接聽電話。大家都是戒慎恐懼，在

極短時間內完成董事長的命令，却無人質疑決策的適當性。公司一般決策都是中央集權式，董事長說了才算數。即使是高階主管也只能建議，要董事長最後拍板定案。

2.服從：員工習於接受與聽從上面的指示與決定，即使受到不合理的待遇，也不會違抗。大多數員工相信只要照著指示做，就不會有錯。上面一句話，下面就照辦，身為部屬，服從指示是理所當然。

性善但有惰性的人性觀。人性本善或本惡，自古即為中外哲學家所爭論。在西方管理上最著名的人性假設，就是McGregor（1960）提出的X理論及Y理論。X理論對人性持負面的看法，認為人是懶惰而不喜歡工作的，需要誘之以利，嚴格控制管理。Y理論則對人性持正面看法，認為人有主動向上的動機，能由工作中獲得成就感，因而開啓人性化管理之先河。就研究者對乙公司文化的解讀，其對人性所持的基本假定，可說是X理論及Y理論的綜合。公司經營者基本上相信人性本善，因而衍生出信任及重視品格操守的價值，但他同時也認為人有惰性，因而也很重視規範紀律與檢核評估，以適當的控制避免惰性的滋長。

1.信任：主管對員工的能力與操守都相當信任，即使是新進同仁，也能從被交付的任務中感受到主管的信任。公司的外出管制及文具取用都採取自行登記制，各憑良心，並沒有嚴格的監督。員工犯了錯誤，主管大多認為其並非故意，只是口頭勸戒，很少有嚴厲的懲罰。

2.品格操守：公司非常重視員工的品格操守，嚴格禁止收受回扣、餽贈、受賄，貪污舞弊者立即革職。董事長本身公私分明，自我要求

相當嚴格，並且以身作則。任何員工只要操守出了問題，就會受到鄙視，也很難在公司立足。

3.規範與紀律：為了抑制人的惰性，公司很重視規範與紀律。規範一旦實施，就沒有彈性。例如公司對遲到的規定甚嚴，即使遲到一分鐘也算遲到；訓練嚴格考勤，請假要扣錢；上班時間不可聽音樂；工地與公司都有整潔比賽；而董事長在巡查時也很重視小節，即使是小地方也不可輕忽。

4.檢核與評估：為了督促員工努力學習，公司在訓練上已建立制度化的檢核評估程序。任何訓練或外訓，都會在訓練後考試，即使高階主管的訓練也要評分。在工作及生活紀律上，則採取抽查的方式，對不當行為，還會公告名單。負有抽查任務的人，則被同仁戲稱為糾察隊。

實踐取向的行動觀。Schein（1992）曾經引用Kluckhohn及Strodtbeck（1961）提出的三種行動取向，說明組織及其成員面對外在環境壓力時會採取怎樣的行動。第一種行動取向，稱之為實踐取向（doing orientation），相信組織可以改變環境，強調只要去做，就會成功，是一種「人定勝天」的信念。第二種取向，稱之為存有取向（being orientation），認為人類臣屬於自然，應該順應環境，正如中國人所謂「行事在人，成事在天」，是一種畏天知命的宿命觀。第三種取向，則介乎前二者之間，可稱為實存取向（being-in-becoming orientation），強調在順應自然的前題下，充分發展人的才能秉賦，達到與自然環境的和諧一致，類似中國人所說的「天人合一」境界。就研究者對乙公司文化的

解讀，它不安於現狀，亟於突破與帶動環境，不輕言順應或妥協，較接近實踐取向，並因而衍生出強調執行力、重視正確的工作程序與方法、鼓勵學習、訓練、與創新等外顯價值。

1.執行力：公司強調執行力是重要的生存因素。執行要徹底，做就要做好。董事長經常用行動證明他對執行力的徹底要求。例如公司推行整潔運動，董事長數次親自檢查，而對於年度預算也是每月開會檢討，以貫徹預算的執行。

2.正確的工作程序與方法：公司強調唯有正確的工作程序與方法，才能減少錯誤。董事長很重視規章制度及工作流程，提倡程序管理，公司每一個人都要寫自己的工作說明書，被要求以最正確的方式做事。在工程方面，則將施工程序、施工圖、施工技術手冊等製成工程規範書，並嚴格要求依規範施工。

3.學習與訓練：公司相信「只要努力，人可以趨於美好」，因而積極舉辦教育訓練及各種成長團體與讀書會等活動。主管自己也會率先參與或設計課程，形成良好的學習環境。

4.鼓勵創新：公司秉持「組織可以改變環境」的信念，積極地鼓勵創新，以突破或帶動環境。總經理室的主要任務之一，在制度上的更新及工作流程的改善。公司在同業中創先使用各種新技術，並在提案改善制度上提供優渥的獎金，鼓勵員工提出創新作法。即使是職工福利委員會，也不時得想出新鮮點子，才能滿足公司及員工創新的需要。

未來取向的發展觀。Schein（1992）綜合了不同學者的觀點，提出三種基本的時間取向。第一種取向稱為過去取向（past orientation），組

織成員常緬懷於過去的成功與榮耀，在考慮組織未來發展時，也時常以過去的成功經驗爲思考重點，強調「繼往開來」，未來的發展建立於過去的基礎之上。第二種取向稱爲現時取向（present orientation），重視短期利益，考慮組織未來發展時，著重於立即利益的估算。第三種取向則稱爲未來取向（future orientation），其眼放在未來，且可爲了長期的發展，犧牲短期的利益。乙公司在時間取向上的基本假定，屬於未來取向。它重視開創，而非守成，看重長期利益與永續經營，並因而衍生出品質第一、儲備人才、重視策略規劃與不斷開創新事業等外顯價值。

1.品質第一：維持良好的品質固然需要付出成本，但可建立企業的信譽以及盡到社會責任，對公司有長期的效益，因此公司在要求品質方面是不惜代價的。例如董事長某次巡視工地，發現有一面牆的磁磚顏色太深，立刻下令整面牆的磁磚敲掉重貼。公司產品在保固期內，有修繕人員專門負責滿足客戶對品質的要求，力求做到盡善盡美。

2.儲備人才：人才爲發展之前題，公司的人事成本很高，但爲了長期的發展，並不吝惜在人才上的投資。公司不在乎每一個人是否能發揮立即性的效益，高級人才比例甚高，甚至有一些部門（如總經理室）的設置，主要目的之一，就是用來儲備一些公司暫時用不到的人才。董事長認爲沒有足夠的人才，即使有投資機會，也跨不出去。

3.策略規劃：重視長期性的發展規劃。每年高階主管訓練的重點便是策略規劃。各部門都要擬定年度策略規劃，董事長親自參與討論。總經理室也要負責一些簡單的策略規劃。

4.開創新事業：公司以前瞻性的眼光不斷地開創新事業。隨著企業集團的快速成長，新的工作機會不斷出現，人員也就有很多晉升及發展的機會。

□衍生後果

一般說來，乙公司的文化形成了一個講究倫理、氣氛和諧、重視紀律以及不斷學習與開創的工作環境，這些都是組織價值觀在組織運作上的正面效應，但是研究者也觀察到一些現象，可能是某些組織價值觀所衍生出來的後果。這些現象包括了組織斷層、形式主義以及少數不受歡迎的主管或部門。

組織斷層。在泛家族主義的人際觀下，謹守倫理的分際，也同時造成上下層級分明。上對下雖然重感情，但是個人能照顧的範圍畢竟有限，而下對上的敬畏，使下情難以上達，形成組織斷層現象。乙公司在協理級以上的高階主管與董事長之間，具有相當一致的理念與共享的價值觀，正如一位中級幹部形容，那是一個「攻不破的架構」。可是中階以下，就感受不到那麼一致的共同價值了。中階人員自認為和高階是不同的團體，基層對高階常有抱怨，中階以下人員只是聽命行事，致力於完成工作，上下之間很少溝通，有時似乎身處於兩個不同的世界。

形式主義。在實踐取向的行動觀下，公司重視正確的工作程序與方法，但也增加了許多表單作業。一位中級主管要花很多時間填表，他並不認為這些表格對工作真有幫助。有時基層人員為了應付上級要

求，竟然有人專門幫人填表，完全喪失了表單設計的原始目的。一位幕僚人員表示：「訂制度的人自己沒有實際操作的經驗，難免產生制度與實際脫節的現象，可是公司又要求按制度做，即使實際上不可能，還是要做個樣子交差」。這種因規章制度與實際需要脫節，而在工作上產生的形式主義，再加上乙公司上對下的家長權威，以及下對上的敬畏與服從，員工在老闆面前戰戰兢兢，不但不敢提出問題，反而唯命是從，使得形式主義更加惡化。

　　不受歡迎的主管或部門。在一個文化價值相當清楚的組織中，若有個人或部門不能符合共同價值的要求，甚至與組織價值衝突，就很容易引起普遍的反感。研究者在乙公司就發現少數一、二位主管很明顯地不受同仁歡迎。其中一位主管雖然經常對部屬表現出照顧行為(如拍拍肩膀說辛苦了，或請吃飯等)，但員工卻不領情。在其後的追蹤訪談中，組織成員說明該主管雖然表現出照顧行為，卻只是表面功夫，感受不到他發自內心的情感。另一方面，研究者也感受到員工普遍對稽核單位反感，追究其原因，在於稽核單位處處防人如防賊，明顯違反了企業文化中性善的人性觀。公司雖然也承認人有惰性，而訂定了一些規範紀律，但其出發點和稽核單位基於人性本惡的防弊心態並不相同。稽核單位本身的工作性質和組織價值衝突，也就很自然地與其他單位或成員之間顯得格格不入。

□基本假定的核心向度

　　Schein（1992）在提出基本假定的六個向度時，並未特別論及向度

與向度之間的關係。表面上看起來，他所說的六個向度，似乎只是各自獨立，平行存在的六大類別而已。研究者在根據Schein的文化模式解讀乙公司組織價值觀的基本假定時，却深深感覺到基本假定各向度間並非平行獨立的關係。研究者認為在乙公司的五個基本假定向度中，「泛家族主義的人際觀」可能是最核心的基本假定，如果由家庭的脈絡去理解乙公司的文化結構，不難發現董事長正是這個家庭中的大家長。由於他的家長權威，使乙公司形成「道德主義的事實觀」。而其他三個向度的基本假定（人性觀、行動觀、發展觀），事實上都是董事長的個人信念。由於組織內的道德主義色彩濃厚，董事長的個人信念自然有其權威性，沒有任何人會質疑或挑戰，使得個人信念很快地成為組織共識。因此，研究者雖然同意組織文化具有多向度（multifacet）的特性（Schein, 1992），但研究者也認為各向度並非平行存在，若能運用核心向度的概念，當更能掌握組織脈絡，而對組織文化有更深入的理解。

研究三

研究對象：丙公司

丙公司為電機製造業，一九六〇年代末期，由國內一家大型家電及馬達製造公司與日本技術合作，投資設立。初期以生產高低壓電磁

開關等馬達控制與保護設備爲主，近年來也先後設立配電盤專業製造廠與電子廠，邁入電子資訊產品領域。該公司目前資本額約七億元，年營業額在三十億元以上，員工人數約700人，大約有七成左右從事生產工作。員工學歷分佈方面，大專約占46％，高中職37％，高中以下15％，碩士以上人才則不到2％。近年來在多角化經營的方針下，國內外均有轉投資公司，除本業外，也涉足食品及交通等新興行業。

　研究者曾爲該公司規劃及主持訓練課程，建立了彼此信任的關係。公司經營階層近年來對於內外經營環境的改變體驗深刻，相當重視品質的提升與企業形象的建立，乃由人事部門提出企業文化塑造的構想，並主動邀請研究者協助。研究者在與公司決策人士多次懇談後，建議以由下而上的取向逐步建立組織成員對企業文化的共識。建議獲得採納後，研究者乃以顧問身份進入組織，負責企業文化塑造的整體規劃，並帶領相關之訓練課程及討論。

　研究者將企業文化發展分爲描述與塑造、凝聚共識以及訓練發展等三個階段（本文僅報告第一階段的過程及結果）。第一階段以研討會方式進行。研討會分員工級、課長級、經理級三個層次，其中課長級及經理級（含協理及總經理）以全員參與爲原則，員工級則以抽樣選取代表參加。取樣之原則爲年資三年以上，性別按現有員工比例，單位則採分散原則。員工級預定90人出席，實際參與69人；課長級預定53人出席，實際參與41人；經理級預定19人出席，實際參與15人。

研究程序

研究三以研究者親自帶領團體討論（即研討會）的方式收集資料，並以Schein（1992）的文化模式作爲討論的起點。和研究二相比，雖然理論的出發點相同，但研究者角色與進行方式則不相同，研究三更接近於Schein的做法，但研究者仍依實際需要而有所修正。

□前置作業與説明會

研究者在正式研討會之前，與業務承辦人員有密切的溝通討論，研究者並請承辦人提供與組織有關的各種文件資料（包括公司沿革、人事規章制度及内部刊物等），詳細閲讀，以增加對組織的了解。其後，研究者又請公司召集重要幹部舉行一場説明會，使主要參與者能事先了解本次活動的目的與程序，提高參與動機與意願。

□課長級研討會

正式研討會於1994年7月間舉行，由課長級研討會開始。課長級研討會分二梯次，每一梯次7小時。第一小時由研究者講解企業文化的基本概念，第二、三小時則進行大團體討論，討論以Schein（1992）所建議的方式進行。研究者事先在會場牆壁上貼滿海報紙，請參與者說出在公司内看到的任何與企業文化有關的具體行爲與事例（即Schein所說的人爲事物），研究者即席在海報紙上記錄，並藉以引發更多的事例。在中午休息後，第四小時由研究者介紹Schein的六個基本假定向度，並收集課長們個人認同的理念與公司現況資料，第五、六小時爲

分組討論，由小組成員就研究者上午所收集的事例，進行文化層次分析，最後一小時則為分組報告與綜合討論。

□員工級研討會

　　員工級研討會分三梯次舉行，其中一梯次在公司，另二梯次則在工廠。每梯次3小時。第一小時由員工各自寫出10件在公司或工廠工作時喜歡的事及10件不喜歡的事，第二、三小時則由研究者帶領大團體討論，經由員工的好惡事件，反映出企業文化的特質。

□初步資料分析

　　研究者將課長級及員工級研討會所收集到的資料加以整理歸類，列出公司基層員工及中層幹部反應的組織現象，並對課長們認同的理念與公司現況作比較。研究者再將這些整理後的資料發給經理級人員，請其參加研討會前先行參閱。

□經理級研討會

　　經理級研討會連續二天，共計14小時。除最初一小時由研究者講解企業文化的基本概念外，其餘時間均為分組及綜合討論。經理們對研究者事先發給的資料非常重視，大多已事前閱讀及劃記，討論情況也相當熱烈。在第一天討論結束時，已初步形成公司文化的基本架構，第二天著重於核心內涵的討論與確認，最後一小時則討論了企業文化的表達與推動方式。

□總結報告與建議

經由以上的參與過程，丙公司同仁確立了本身的企業文化。研究者將資料整理後，對公司提出書面總結報告與建議，並提交經營會議討論，研究者亦應邀出席報告。公司經營階層接受了研究者的建議，將其後凝聚共識及訓練發展階段的工作列入年度計劃，由人事部門負責推動實施。

研究結果

組織現象描述

綜合基層員工及課長們反應的意見，丙公司具有以下的組織現象與特色：

1.在經營理念與方法上，秉持穩健及正派經營，勤儉樸實，守法守紀，作風傳統而保守。經營階層均為專業經理人，沒有家族色彩，且具有危機意識。深切體認改善才有進步，不斷地推展改善活動，強調品質及顧客滿意。但由於共同決策，決策速度緩慢，而且政策經常反覆，部屬窮於應付，而公司宣示的理念與實際管理行為又常自相矛盾，例如在理念上高喊自動心，但却有主管下班後巡查，造成員工不敢準時下班的壓力。

2.在人際關係上，重視團隊合作，公司同仁老實、誠懇、任勞任怨，彼此相處融洽，沒有派系，對公司有安全感，認同度高，勞資關係和

諧，願與公司共存共榮。但由於溝通管道不順暢，上情不能下達，員工意見無法有效處理，部門本位主義濃厚，必須靠開會協調，造成會議甚多，但開會不準時，又因權責不明，經常議而不決，反應之意見又多爲個人立場，難以整合。在整體氣氛上，陽剛氣息很重，重視工作與目標，缺乏相對應的照顧、關懷與情感上的支持。

3.在工作上，計畫太多，無法落實，逐漸形成應付心理及形式主義。由於權責不清，賞罰不明，目標管理不能貫徹到基層，造成勞逸不均，職務愈高，愈能幹的人，工作愈辛苦。

4.在制度上，獎金及決策公開且透明化，但升遷、升等考試、考績以及層級及部門之間的待遇（包括制度、福利、管理方式等）不公平。

5.在未來發展上，雖然公司很重視教育訓練，但是整體發展及員工個人生涯規畫不明確，使員工看不到未來發展的遠景。

□個人認同與公司現況的比較

研究者曾將Schein (1992)的組織文化六個基本假定向度編成簡單的問卷，在課長級及經理級的研討會中調查中層以上幹部個人認同的組織文化及其所知覺到的公司現況。結果發現在六個向度上，只有人際層面的個人認同與公司現況相符。相對於個人有95％（N=56）的人認同團隊合作的價值觀，亦有73％的人認爲公司現況是團隊合作；在事實的判斷標準層面，70％的人認同實證主義，但對公司現況的看法分岐，48％的人認爲公司現況傾向於道德主義，43％的人認爲公司現況是實證主義；在行動觀方面，79％的人認同天人和諧，但對公司現

況的看法也很分歧，48％的人認爲公司現況是天人和諧，亦有5％的人認爲公司現況是畏天知命。在時間、空間、及人性觀等三個層面，則個人認同與公司現況的差距極大，甚至正好相反。在時間層面，83％的人認同未來取向，但公司現況卻是現時取向（83％）；在空間層面，以心理距離來衡量，70％的人認同親密距離，但公司現況却是疏遠距離(61％)；在人性觀層面，79％的人認同Y理論，但公司現況却是X理論(66％)。

由以上資料看來，丙公司的中上幹部其實有相當一致的價值認同，他們希望彼此能建立親密的情感(70％)，以合作代替競爭(95％)，以證據判斷事實(70％)，對人性持正面看法，認爲人有主動向上的動機(79％)，雖努力達成工作目標，但仍要考慮外在環境的限制，不可強求(79％)，眼光應放在未來，看重長期的發展(83％)。但公司的現況並不盡然如此，有時甚至背道而馳。依研究者的觀察，最基本的原因，可能就是缺乏企業文化的理念溝通，大家各行其是，使少數主管突顯其個人風格或強勢作爲，主管本身在強大的工作壓力下，也無暇作理念上的思考，只能以最方便直接的方式管理，而在規章制度上，也缺乏理念的貫通，因而造成理念與現況上的差距。

□企業文化的核心內涵、企業精神與具體作法

在經理級研討會的討論中，與會人員並不認同以Schein(1992)的基本假定向度來描述丙公司的企業文化。他們認爲同仁們反應的意見，大部份可在行政或管理制度上予以克服。重要的是制度後面的精

神是什麼？丙公司原就有其企業精神，只是多年來並未落實。因此，討論的重點集中在找出同仁反應的組織表象真正的內涵意義，再將這些內涵與原有的企業精神結合，使其在理念上有其一貫性。

經過由下午到晚上的熱烈討論，經理們都同意公司文化的核心內涵就是一個「實」字。用「實」這個概念，相當能描述公司的經營理念、同仁特質、以及做事方法。經理們更進一步認為企業文化不應只在描述現狀，而必須能在理念上表述前瞻性的企圖與期望，因此最後將企業文化的核心內涵定為「以實為本，追求至善」。並明定「實」的意義有三；分別是誠實、踏實與務實。更進一步說，就是每一位同仁都要發自內心真誠（誠實），真正腳踏實地（踏實），把事情做好（務實）。

在確立了「以實為本，追求至善」的企業文化核心內涵後，原有的企業精神就成為建構在此一核心內涵基礎之上的外顯價值。丙公司的企業精神有三，分別是自動心、責任心與社會心。在自動心方面，追求人員自動、生產自動與產品自動；在責任心方面，重視品質責任、交期責任與利潤責任；在社會心方面，則實踐關懷社會、回饋社會與滿足社會的理想。對於三大精神的九個項目，都各有文字說明其意義，例如人員自動是指培養員工自動自發的精神，鼓勵大家不斷地自我成長、勤於學習、勇於改變、樂於創新，創造一個「人人自動、事事自發」的優良工作環境；生產自動致力於生產技術的革新，投入符合經濟效益的自動化生產，以提高產品競爭優勢，並促進產業升級；產品自動則是透過不斷的研發與創新，提供顧客滿意的自動化產品與服

務，並協助業界實現自動化的理想。

　　根據每一項企業精神的意義，經理們又進一步研擬出具體作法。例如在人員的自動化方面，必須落實人性管理，塑造育才留才環境，強化教育訓練體系，落實品質活動，強化提案改善制度，合理區分權責，促進全員參與，與暢通溝通協調管道。在九個企業精神項目下，共列舉了61項具體作法。這些作法將成爲丙公司未來推動企業文化的短期目標，並定期檢討。當這些目標完成後，再從企業精神與核心內涵中發展新的目標，使企業文化的理念不再流於口號，而能在工作上落實。

　　丙公司發展出來的企業文化基本架構，本質上仍是借用Schein(1992)文化模式中的層級概念。所謂的核心內涵、企業精神與具體作法，可和Schein所提出的基本假定、外顯價值與人爲事物相對應。但是Schein的模式偏向於組織文化的描述，比較是通則性的分類概念，丙公司則著重於企業文化塑造的管理意涵，在文化的表述上可明顯看出將文化塑造做爲管理工具的意圖。

討　論

　　以上三個研究都是探索性質，筆者無意根據如此有限的樣本，對台灣的企業文化作出普遍性的推論，但是在這三個案例中，也浮現出一些值得繼續深入探討的課題。筆者以下將分別討論這三個案例顯示

的本土企業文化特質，企業文化的研究方法，以及企業文化塑造與發展的可行途徑。

本土企業的文化特質

在本文舉出的三個案例中，每一家企業各有其特色。有些特色雖然各家表述的語彙與方式或有不同，但却可能具有共同的文化脈絡，筆者就個人觀察，提出四項別具意義的特色加以討論，分別是泛家族主義的人際關係、適應環境的行動原則、以實為本的文化特質以及形式主義的形成背景與意涵。

□泛家族主義的人際關係

本文所列舉的三個案例，經營階層彼此之間都沒有血緣關係，並不是家族企業。但是甲公司和乙公司都可看出具有家族性質的人際關係或行為。根據甲公司員工的描述，公司像個大家庭，老闆或上司像家長一樣地照顧或體恤部屬。老闆被描述為「有事業家的風範，眼光比別人遠」，公司用人或做事，都是依老闆的理念或目標行事。資深員工（老臣）特別受到老闆的照顧，在公司亦頗受敬重。乙公司也很強調尊卑長幼的倫理，老闆更像個大家長，他對高階主管極為照顧，很重視與部屬之間私人感情的建立與維護。總經理亦曾比喻公司是個大家庭，董事長像父母，總經理則自喻為長兄。員工平日不論在生活或工作上，都感覺是一家人。丙公司自總經理以下都是專業經理人。公司最初並不是由個人或家庭所創立，因此並沒有明顯的老闆角色，也

感受不到家庭的氣氛，但是員工們仍盼望彼此能建立親密的情感，重視和諧與合作，而不鼓勵人與人之間的競爭。

　　楊國樞（1992）認爲泛家族主義是經由社會化歷程而形成的結果。他認爲在家族中的生活與習慣，常是中國人唯一的一套團體或組織生活經驗，因而在參與家族以外的團體或組織活動時，他們自然而然地將家族中的結構形態、關係模式等帶入這些非家族性的組織或團體。楊國樞把這種家族延伸的過程稱爲「家庭化」（familization）。類似的概念是許烺光（Hsu, 1971）所提出的「擬似親屬關係」（pseudo-kinship ties），在中國人的人際結構中，即使沒有血緣關係，也總要攀親帶故，稱兄道弟，以符合眾所熟悉的家庭結構。

　　在討論中國人性格的變遷時，楊國樞（1988）認爲集體主義與家族主義是在農業社會結構下產生，在工業化過程中，集體主義應朝向個人主義蛻變，家族主義也應走向制度主義，因而上下排比的人際關係會逐漸走向平行關係。這樣的預測，意味著社會結構的變遷也會主導文化價值的改變。但是在乙公司發現的組織現象，卻值得我們進一步思考文化價值的可變性。乙公司的員工素質極高，平均年齡只有32歲，碩士以上學歷占了五分之一，其餘幾乎全是大專畢業，只有不到百分之三的學歷在大專之下。他們接受的是最現代的教育（大多是管理或工程背景），從事的是講究高精密度與技術的行業，管理及工作方式極爲制度化，公司也位於早已工業化的都會區，但是在人際關係上，卻仍然依循傳統的文化價值。在Schein（1992）的文化模式中，位於底層的文化基本假定是很難改變的，也許較易改變的是表層的人爲事

物，但如果表象的改變和深層價值不能一致，也可能造成嚴重的問題（本文將在以下討論形式主義時進一步引申此一觀點）。因此，筆者認為泛家族主義可能是影響中國人組織行為的核心文化價值。它並不必然會隨著工業化的過程而改變。因此，在組織引進新的制度或技術時，必須考慮和既有文化價值的相容性，而不能一廂情願地認為制度或結構的改變，必然可以帶動組織的革新。

泛家族主義人際關係下的組織，可能會出現以下的現象，值得研究者繼續探討：

1.組織中的領導者在有意或無意間都會形成家長式的權威。這種家長權威常常是建立在道德或倫理的基礎之上，身為家長的領導者必須要以德服人，才能建立足夠的威望。為了維繫成員的向心力，上對下盡力體恤與照顧，下對上也必須表現出忠誠與服從。在事實的認定標準上，則會顯現出道德主義的傾向，以領導者個人的意志為依歸。

2.組織強調家庭的氣氛，特別重視和諧，鼓勵團隊精神，造成組織是個大家庭或大家都是一家人的一體感。

3.由於成員之間沒有血緣關係，共同背景經驗便成為替代性的認同對象。同校畢業時間的先後次序或進入公司服務的年資，形成類似家庭倫理中的長幼與輩份。而建立私人感情更是維繫這種特殊倫理關係的重要方法。

4.在家族主義社會下，因關係的親疏遠近而形成的差序格局（費孝通，1948），使以領導者為中心的內團體易於形成，組織的層級也更為明顯，在大型組織中，便容易形成組織斷層的現象。

　　鄭伯壎（1991, 1995）在其一系列的論文中,有系統地討論了家長權威以及差序格局等概念如何影響華人企業家的領導行爲。鄭氏的討論大多是由家族企業出發,本研究在非家族企業中也發現類似的現象,似乎更反映了家庭結構及價值對華人組織行爲的重要影響。

□積極進取的行動原則

　　當組織及其成員面對外在環境壓力時會採取怎樣的行爲,是學者相當感興趣的問題。本文先前在敍述研究二的結果時,曾介紹Kluckhohn及Strodtbeck（1961）提出的三種行動取向,分別爲相信人定勝天的實踐取向,畏天知命的存有取向,以及追求天人和諧的實存取向。在西方學者的刻板印象中,大多認爲西方文化是實踐取向,東方文化是實存取向,而存有取向則存在於某些東南亞的宗敎或社群中（Schein, 1992）。本研究的發現,並不完全支持這樣的文化刻板印象。研究二的資料指出乙公司急於突破與帶動環境,積極地鼓勵創新,不輕言順應或妥協,與西方學者自認爲其文化傳統的實踐取向相當接近。研究三的資料也顯示丙公司有48%的主管人員認爲該公司的現況傾向於人定勝天,但也有79%的人認同天人和諧的理想。至於研究一的資料則顯示甲公司強調沒有進步,就是落伍,爲了避免被淘汰,必須在管理與技術上求新求變。這些研究結果,都反映出本土企業相當主動地採取積極進取的行動原則來面對環境壓力,適應環境的改變。雖然部份組織成員在理想上仍嚮往天人和諧的境界,但在實際作爲上,則非常重視外在環境的變化,並且積極地面對競爭,不斷地追求進步。

西方學者在以儒家倫理解釋東亞經濟發展時，大多只注意到儒家文化具有的家庭、責任及階級意識等價值（如Kahn, 1979），楊國樞與鄭伯壎（1987）所編製的傳統價值觀量表，也只測量了家族主義、謙讓守份、面子關係、團結和諧及克難刻苦等五組儒家化的傳統觀念。這些儒家倫理價值觀似乎都是靜態的結構，不足以解釋經濟快速發展的原動力。黃光國（1988a）雖然認為儒家思想在本質上是實踐理性，蘊涵有一種旺盛的成就動機，但在他的論述中，又太偏向於儒家思想的內容，而未能繼續深入分析動力的觀點。本研究三個企業的資料，鮮活地顯現出企業如何面對外在環境的挑戰，這或許也反映出儒家積極入世的行動本質。面對競爭與追求創新固然是現代企業為求生存與發展的必然途徑，但如果在制度與策略上細心地比較，仍不難發現文化價值上的差異。西方企業較重視制度的建立，在企業間或國際的競爭上，也一向是以實力（如雄厚的資本或先進的技術等）取勝。台灣的民間企業在制度上充滿了彈性（甚至是沒有制度可言），成功的企業領導人往往具有堅毅不屈的意志，以及與競爭對手纏鬥的性格。學者未來若能由文化價值層面深入分析，或許能在經濟發展的原動力上，提出更充實的解釋架構。

□ 以實為本的文化特質

「以實為本」是丙公司的核心文化內涵，公司的經營理念固然強調穩健及正派經營，作風勤儉樸實，員工們給人的印象也是老實誠懇，任勞任怨。同樣地，甲公司在組織特性上也很重視踏實經營，喜歡刻

苦耐勞，腳踏實地，勤奮純樸，對人厚道的員工。這兩家公司的員工
有時也不免認為自己很「土」。這個土字，蘊涵著由農業社會所傳承下
來的那種做人老實，做事實在，作風樸實的價值觀。當員工說他很土
的時候，固然有一點自我解嘲的意味，但由他們對公司及彼此之間的
認同，反映出這些員工並不欣賞與「土」相對的「洋」味。西方組織
喜愛的一些個人特質這時也往往成為負面的評價。例如光鮮的外表可
能被視為浮誇虛矯的身段；流利的表達則被視為伶牙利齒，油嘴滑
舌；爭取個人權益也可能被視為自私自利，不識大體。在筆者與台灣
企業的接觸經驗中，發現土洋之間真是涇渭分明，企業文化似乎有本
質上的差異，值得進一步探討。

□形式主義的形成背景與意涵

　　乙公司和丙公司的員工都提到形式主義的現象。在乙公司，為了
使員工有正確的工作程序與方法，增加了許多表單作業，員工在不堪
負荷之下，只能以各種方式應付。而部屬對老闆的唯命是從，使形式
主義更加惡化。丙公司實施目標管理，目標訂的很高，但是計畫太多，
無法落實，逐漸形成應付心理及形式主義。再加上權責不清，賞罰不
明，溝通又不順暢，目標管理很難貫徹。其實這種理想與實際脫節，
表裡不一的形式主義，在台灣各類型的組織中普遍存在，其成因實在
值得深入探討。

　　在一篇專論形式主義的論文中，余伯泉（1993）將形式主義區分
為純粹的形式主義與世俗的形式主義。前者是formalism一詞的中譯，

見諸於法律、數學、邏輯、哲學、美學等範疇的討論，講究純粹、抽象及普遍原則，這是西方文化的特性，也是現代科層組織的形式理性基礎。而後者則是本地社會的世俗用法，指制度與實際運作嚴重脫節，應然與實然之間產生重大差距的現象（這也就是本文所稱的形式主義）。余氏認爲世俗形式主義的形成有其歷史背景、特別是中國百年來深受文化帝國主義入侵之害與知識份子留學崇洋的心態，社會成員不能逼眞地了解外來優勢文化，以致於對外來文化或制度只學得皮毛。在組織運作上，如果制度本身設計不良，又缺乏修正機制，就會使很多根源於西方形式理性的制度在講求實質理性的東方社會窒礙難行，於是工具性人情（見黃光國，1988b的討論）與投機性的社會心理，再倒過來破壞各種規章制度與實實在在做事的工作倫理，終致形成「世俗形式主義的惡性循環」。

余氏以文化的根源來闡釋形式主義的形成背景，是相當具有啓發性的觀點。他也提到文化相容性的問題，認爲由於東西方社會文化條件不同，在文化上本不相容，因此若要減輕世俗形式主義，必須通過學術翻譯等手段，對西方外來優勢文化進行「逼眞理解」，才能使外來制度在本地生根，轉化爲社會發展的資產。

在組織文化的層面上，筆者認爲所謂的制度，只不過是Schein（1992）的文化模式中最表層的「人爲事物」而已。這些人爲事物必須立足在組織文化的價值基礎之上。如果我們對於文化的本質不了解，制度的改革往往徒勞無功，形式主義就成爲自然的結果。

以乙公司爲例，泛家族主義的人際觀可說是其核心的文化。在老

闆的家長權威之下，部屬已養成了服從的習慣，即使是再大的工作壓力，再不合理的工作要求，部屬也只能默默承受。公司建立某種制度的本意，也許是出於工作上的善意，但對部屬而言，並不見得能體會制度在工作上的意義，反而將其視為額外的工作負擔。當工作超過負荷時，部屬也只能應付了事。因此原來為了改善工作程序的制度，反而流於形式，甚至對工作造成負面的影響。

　　丙公司實施的目標管理，也是移植自西方的一套管理制度。目標管理是否有效，除了要設定合理的目標外，還得具備行動規劃、自我控制及定期檢討等要件。目標管理的基本假定來自於Y理論，認為個人會基於自身責任感的驅使，去完成有意義的目標 (De Cenzo & Robbins, 1995)。為了設定合理的目標，目標管理必須先進行精確的工作分析，主管與部屬之間也必須要有充分的溝通，才能使員工對目標認同，並且努力達成，而達成目標本身又是一種自我激勵，使員工願意繼續追求難度更高的目標。但是在丙公司，66％的中上幹部認為公司現況是以X理論在主導管理者的人性觀，而公司內部的溝通管道又極不順暢，主管常在工作目標上對員工施加壓力，却缺乏相對應的關懷與支持。據筆者側面了解，公司的目標設定來自於董事會對高成長率的要求與堅持。公司上下幾乎都知道年度目標不可能達成，但又不能無視於目標的壓力，於是只有由上而下，層層施壓。由於基層員工對目標並沒有切身的體認，中層幹部（課長）往往成為上下之間的夾心餅乾。在工作不堪負荷，部屬不願配合，却又必須對上面交差的壓力下，目標自然流於形式。原來一套自我激勵的制度，反而對原來良好的工作態

度與士氣造成習慣性的破壞。

　　形式主義的形成，固然有複雜的背景因素，但由Schein（1992）的文化模式看來，人為事物（如典章制度）與文化價值（即基本假定與外顯價值）的脫節，可能正是問題的根源。

企業文化的研究方法

　　筆者在本文緒論回顧國內外與企業文化有關的文獻時，即已指出過去的研究在文化概念、分析單位、研究取向與研究方法上的缺失。本文在介紹三個分研究時，對於各研究的方法與步驟描述甚詳，主要目的即在提供不同的研究取向，使後續研究者得以參酌修正，並結合其他研究者的努力，發展出更多元化的企業文化研究方法。筆者無意在此提出一套「標準化」程序，相反的，筆者認為單一典範或標準化程序只會窄化了我們的視野。如果我們想要真正地了解企業文化，也許不必急於尋求簡單的答案。研究者未來必須在研究策略、研究問題及研究取向上深入地思考與定位，才能累積或沈澱出有系統且可靠的知識。

□階段性的研究策略

　　筆者曾在討論如何深入本土心理學研究時（劉兆明，1993），主張研究的深化是一個由淺而深的發展過程，此一過程可分為三個階段：首先，在理論架構建立的階段，研究者應先收集文獻資料及實徵資料，深入了解研究主題及對象，建立整體的思想架構，並在精確地分析資

料後，嘗試提出自己對研究主題的思考及觀點；然後，在假設驗證階段，進一步發展理論命題或假設，並以適當的研究設計驗證假設，充實理論架構的證據力及說服力；最後，則在理論發展與統合階段，將研究結果與其他有關研究加以比較或綜合，提出統合性的理論。

　　過去許多企業文化方面的研究，常常是套用現成的理論、概念或工具，對於研究對象僅有表面接觸或浮面觀察。在對企業本身都不了解的情況下，就很難在概念上深入與突破。本文所呈現的三個研究都是探索性研究，筆者將其定位在第一階段。本文所提供的資料，或許有助於讀者初步認識台灣幾個大型民型企業的企業文化內涵，筆者雖然也討論了一些個人的想法，但並無意在本文中提出任何概念性的架構或結論。筆者希望能藉本文引發更多的研究興趣，未來逐漸累積研究資料，而在概念及理論上有所突破。

□貼近現實的問題意識

　　企業文化是一個非常實際的研究領域，它鮮活地存在於每一個企業組織。研究者如果要深入地了解企業文化，最好能有豐富的組織經驗。研究者在進入組織之前，必須要先想清楚自己真正關心的問題是什麼？為什麼要做這樣的研究？研究者在組織中的角色與位置何在？進入組織的目的，是在滿足研究者個人的需要（如完成學位論文），或是要幫助組織解決實際的問題（如以顧問角色介入）？研究者的問題意識愈清楚，愈能貼近組織的現實，也愈容易獲得組織及受訪對象的合作。在進入組織之後，也才易於掌握研究的主題與方向。

□ 多元化的研究取向

　　筆者在本文緒論，即已指出企業文化的研究早已形成多元化的面貌，沒有任何單一的研究取向，可以完全滿足企業文化研究的需要。研究取向的選擇，應取決於研究問題的性質與定位以及研究者個人的能力與興趣。研究者應針對研究的需要選擇適當的研究取向或方法，不要對任何取向心存偏見或排斥，對於自己不熟悉的取向或方法，更應儘量接納與了解。如此，才能開拓研究的視野，掌握企業文化的多變性與複雜性。

企業文化的塑造與發展

　　了解企業文化的目的，除了知識的建構外，對實務界而言，也許更關心的是優良企業文化的塑造與發展。筆者認為企業文化的塑造與發展，也可分為三個階段。首先是描述階段，經由某些特定的程序或方法，找出組織成員認同的文化特質，並且運用文字或圖形有效地表述。本文所敘述的研究方法與結果，正是此一階段的具體實例。

　　在管理實務上，僅有文化描述是不夠的，必須要再由經常性的企業內部溝通管道及有計畫的推廣活動，凝聚全員共識。具體的作法，包括舉辦各級員工的說明會及研討會；在決策階層組成企業文化推動委員會，制定具體實施方案，確立執行及考核權責；在推廣活動方面，可進行優良員工選拔，以及經驗分享或發表，意見調查與回饋。若公司有內部刊物，可舉辦徵文，並積極充實刊物內容，做為長期推動企

業文化的管道。

當全員共識建立後，可再進入訓練與發展階段，將已獲得共識的企業文化列入新進人員訓練及在職同仁的年度訓練計畫，並檢討人員甄選程序與方法，建立契合企業文化的甄選制度。經由不斷的訓練發展過程，確保企業文化理念的貫徹與落實，使企業文化歷久彌新，以帶動企業的永續經營與發展。

筆者雖然在此提出了發展與塑造企業文化的可行途徑，但在沒有進一步研究之前，筆者並不認為這些方法或途徑必然能真正塑造出主事者所想要的企業文化。筆者在本文緒論部份即已指出文化是因組織成員之間的互動而形成，管理者是否能主導企業文化的發展，或塑造企業文化，仍有待後續研究的探討。

筆者在本文緒論中亦曾指出許多公司常將企業文化與企業標語或企業識別系統相混淆。雖然許多企業都有用幾個字、幾句話或一段文字表述的企業標語，但除非這些文字表述真正地落實在生活或行為層次，否則並不是真正的企業文化（或許這種普遍的標語或口號化的現象，又是一種形式主義吧！）。在企業識別系統方面，許多公司將其視為產品或形象包裝，僅由商業設計的角度，提供標誌、圖案或色彩的搭配。筆者認為企業文化與企業識別系統實為一體的兩面，企業文化重本質，企業識別系統重表現，二者必須由內而外，表裏合一，才能真正發揮效果。

不論在理論建構或管理實務上，都需要對企業文化有深入的了解。本文提供了一些了解的方法與初步成果，希望能對學術界與實務

界都有幫助。本次研討會的主題，雖然有意進行兩岸企業文化的比較，但筆者對大陸的企業完全沒有接觸，即使是台灣的企業，也仍是所知有限，不敢輕言比較。筆者希望兩岸學者或企業界人士藉著本文提供的方法，能更深入地了解當地或自身的企業文化，共同建構華人社會的企業文化理論，並在相互了解的基礎上，解決跨文化管理上所遭遇的困難。

參考文獻

丁虹（1987）：〈企業文化與組織承諾之關係研究〉。國立政治大學企業管理研究所未出版之博士論文。

江永森（1986）：〈組織文化與工作滿足及工作績效〉。中國文化大學企業管理研究所未出版之碩士論文。

余伯泉（1993）：〈論世俗的形式主義——心理學、國營企業及軍艦國造之個案研究〉。國立台灣大學心理學研究所未出版之博士論文。

呂美女、吳國禎(譯)（1994）：《組織的盛衰——從歷史看企業再生》。台北：麥田。

李仁芳（1995）《7—ELEVEN超商縱橫台灣——厚基組織論》。台北：遠流。

汪光宗（1993）：《CI贏的策略——台灣企業CI實戰案例分析》。台北：商周文化。

信義房屋（1992）：《信義至善》。台北：信義房屋人事部。

南陽實業（1993）：《同心同步——南陽語彙、企業文化》。台北：卓越文化。

洪春吉（1992）：〈台灣地區中、美、日資企業之企業文化比較〉。國立台灣大學商學研究所未出版之博士論文。

洪魁東（1988）：《企業文化——運作與管理》。台北：第三波文化。

許士軍（1972）：〈有關黎史二氏組織氣候尺度在我國企業機構適用性之探討〉，《國立政治大學學報》，26期。

郭建志（1992）：〈組織價值觀與個人效能——符合度研究途徑〉。國立台灣大學心理學研究所未出版之碩士論文。

陳千玉（1995）：〈組織文化之探究與解讀：以一家大型民型企業爲例〉。國立政治大學心理學研究所未出版之碩士論文。

陳家聲、任金剛（1995）：〈台灣地區集團企業的企業文化研究〉。華人心理學家學術研討會論文。台北：台大心理系。

費孝通（1948）：《鄉土中國與鄉土重建》。上海：觀察社。

黃光國（1988a）：《儒家思想與東亞現代化》。台北：巨流。

黃光國（1988b）：〈人情與面子：中國人的權力遊戲〉，《中國人的權力遊戲》，頁7-55。台北：巨流。

黃光國（1991）：《王者之道》。台北：學生。

黃明正（1987）：〈企業文化和策略規劃關係之研究〉。國立政治大學企業管理研究所未出版之碩士論文。

楊國樞、鄭伯壎（1987）：〈傳統價值觀、個人現代化及組織行爲：後

儒家假設的一項微觀驗證〉，《中央研究院民族學研究所集刊》，64期：頁1-49。

楊國樞（1988）：〈中國人的性格與行為：形成與蛻變〉，《中國人的蛻變》。台北：桂冠。

楊國樞（1992）：〈中國人的社會取向：社會互動的觀點〉，《中國人的心理與行為——理念及方法篇》。台北：桂冠。

劉兆明（1993）：〈按部就班、循序漸進：建立本土心理學深化的基礎〉，《本土心理學研究》，1期：頁201-207。

劉炳森（1987）：〈組織文化與工作滿足關係之研究〉。國防管理學院資源管理研究所未出版之碩士論文。

鄭伯壎（1990）：〈組織文化價值觀的數量衡鑑〉，《中華心理學刊》，32期：頁31-49。

鄭伯壎（1991）：〈家族主義與領導行為〉，《中國人、中國心——中國本土心理學新紀元研討會論文集》（楊中芳、高尚仁編）。台北：遠流。

鄭伯壎（1995）：〈差序格局與華人組織行為〉，《本土心理學研究》，3期：頁142-219。

鄭紹成（1994）：《震旦的營銷管理》。台北：卓越文化。

繆敏志（1993）：〈組織文化之探討〉，《國立政治大學學報》，67（2）：頁133-162。

Argris, C.(1958). Some problems in conceptualizing organizational climate : A case study of a bank. *Administrative Science Quarterly*, 2:

501-520

Chandler, A. P.(1977). *The visible hand.* Cambridge, MA: Harvard University Press.

Cooke, R. A. & Rousseau(1988). Behavioral norms and expectations: A quantitative approach to the assessment of organizational culture. *Group and Organizational Studies,* 13 (3): 245-273.

Cooke, R. A. & Saumal, J. L.(1993). Measuring normative beliefs and shares behavioral expectations in organizations : The reliability and validity of the organizational culture inventory. *Psychological Reports,* 72 : 1299-1330.

De Cenzo, D. A. & Robbins, S. P.(1994). *Human resource management: Concept and practices.* New York : John Wiley & Sons.

Dyer, W. G., Jr.(1986). *Cultural change in family firms.* San Francisco, Jossey-Bass.

England, G.(1975). *The manager and his values.* New York : Ballinger.

Forehand, G. A., & Gilmer, B. V. H.(1964). Environmental variation in studies of organizational behavior. *Psychological Bulletin,* 62: 228-240.

Glick, W. H.(1985). Conceptualizing and measuning organizational and paychological climate : Pitfalls in multilevel research. *Academy of Management Review,* 10: 601-616.

Herskovits, M. J.(1955). *Cultural anthropology.* New York : Knopf.

Hofheinz, R., Jr., & Calter, R. E.(1982). *The Eastasia edge.* New York :

Basic Books.

Hofstede, G.(1980). *Culture's consequences.* Beverly Hills, CA: Sage.

Hofstede, G., & Bond , M. H.(1988). The confucius connection : From cultural roots to economic growth. *Organizational Dynamics,* 16 （4）: 4-21.

Hofstede, G., Neuijen, B., Ohayv, D. D., & Sanders, G.(1990). Measuring organizational cultures : A qualitative and quantitative study across twenty cases. *Administrative Science Quarterly,* 35: 286-316.

Hsu, F. L. K.(1971). Psychological homeostasis and Jen : Conceptual tools for advancing psychological anthropology. *American Anthropologist,* 73: 23-44.

Kahn, H.(1979). *World development: 1979 and beyond.* London: Croom Helm.

Kluckhohn, F. R., & Strodtbeck, F. L.(1961). *Variations in value orientions.* New York : Harper & Row.

Kluckhohn, C.(1967). The study of culture. In P. I. Rose(ed.), *The study of society : An integrated anthropology.* New York: Random House.

Kroeber, A. L., & Kluckhohn, C.(1952). Culture : A *critical review of concepts and definitions* (Vol.47, No. 1). Cambridge, M. A. : Peabody Museum.

Lewin, K., Lippitt, R., & White, R. K.(1939). Patterns of aggressive behavior in experimentally created social climates. *Journal of social*

Psychology, 10: 271-520.

Louis, M. R.(1983). Organizations as culture-bearing milieux. In L. R. Poudy, P. Frost, G. Morgan & T. C. Dandrige(eds.), *Organizational Symbolism. Greenwick,* CT : JAI Press.

Louis, M. R.(1985). An investigator's guide to workplace culture. In P. J. Frost, L. F. Moore, M. R. Louis, C. C. Lundberg, & J. Martin(Eds.), *Organizational culture.* Newburg Park, CA: Sage.

Martin, J., & Siehl, C.(1983). Organizational culture and counter-culture: An uneasy symbiosis. *Organizational Dynamics,* 12: 52-64.

McGregor, D. M.(1960). *The human side of enterprise.* New York: McGraw-Hill.

O'Reilly, C. A., Chatman, J., & Caldwell, D.(1991). People and organizational culture : A profile comparison approach to assessing person-organization fit. *Academy of Management Journal,* 34(3): 487-516.

Ouchi, W. G., & Johnson (1978). Types of organizational control and their relationship to emotional well-being. *Administrative Science Quarterly,* 23: 293-317.

Rousseau, D. M.(1988). The construction of climate in organizational research. In C. L. Cooper & I. Robertson(eds.), *International review of industrial and organizational psychology 1988.* New York : John Wiley & Sons.

Sackmann, S. A.(1992). Culture and subculture : An analysis of organ-
izational knowledge. *Administrative Science Quarterly*, 37: 140-161.

Schein, E. H.(1987). *The clinical perspective in fieldwork*. Newbury Park,
CA : Sage.

Schein, E. H.(1985). *Organizational culture and leadership*. San Francisco :
Jossey-Bass.

Schein, E. H.(1992). *Organizational culture and leadership* (2nd. ed.). San
Francisco : Jossey-Bass.

Schneider, B.(1985). Organizational behavior. *Annual Review of Psychol-
ogy*, 36: 573-611.

Shweder, R. A., & LeVine, R. A.(1984). *Culture theory : Essays on mind,
self and emotions*. New York : Cambridge University Press.

Triandis, H. C.(1972). *The analysis of subjective culture*. New York :
Wiley.

Triandis, H. C.(1994). Cross-cultural industrial and organizational psy-
chology. In H. C. Triandis, M. D. Dunnette., & L. M. Hough(eds.),
Handbook of industrial and organizational psychology(2nd ed.), Vol.4.
Palo Alto, CA : Consulting Psychologists press.

Wilkins, A. L.(1983). Organizational stories as symbols which control the
organization. In L. R. Pondy, P. J. Forst, G. Morgan & T.
Dandridge(eds.), *Organizational symbolism*. Greenwich, CT: JAI
Press.

企業文化與市場導向之關係
——台灣產業間之比較研究

陳正男　黃文宏

成功大學企業管理研究所

〈摘要〉

　　本研究目的在探討企業文化與市場導向之間可能存在的關連，以及不同的產業類別在此一關係上是否有所差異。首先，爲求對市場導向作更明確的掌握，研究中利用因素分析在各項市場導向構面中，求得一項核心因子。然後，再針對企業文化的四個主要構面：工作至上、權威需求、安全需求和宗族主義等，來探討其與市場導向的關連。

　　經逐步迴歸發現，對整體產業而言，企業文化對市場導向的作用主要來自工作至上、安全需求和宗族主義之互動以及權威需求和宗族主義之互動。若進一步將產業細分進行比較，依變異的解釋量來看，企業文化與市場導向的關聯最高爲非金融服務業，其次分別是民生製造業、金融業和非民生製造業，而個別文化構面在各關係式的重要性亦各有不同。在非金融服務業中，文化構面的作用與整體產業類似，在金融業中則以權威需求的作用以及安全需求與宗族主義之互動爲主；製造業之文化主效果分別來自工作至上和安全需求，但工作至上構面在民生製造業和非民生製造業中卻呈現相反的作用，另在非民生製造業中更發現工作至上和安全需求之互動是很重要的。宗族主義之主效果在四大產業中均不顯著，僅在服務業中發現與權威需求、安全需求有互動作用，但其重要性亦不可忽視。綜言之，產業別宜視爲企業文化與市場導向關係中的節制因子，它對關係強度和關係形式均有作用。

一、研究動機

　　特定產業中競爭障礙、資源壟斷等結構性因素所造成的產業吸引力的不同，是企業處於變動環境中尋求有利競爭地位和獲利的一項分析基準（Porter, 1980）。因此，在許多有關產業環境的研究中，產業因素被認為是對事業策略屬性與經營績效的關係有著極為顯著的情境作用存在，如使用者部門（user sector）即是其中最重要的一項（Hambrick & Lei, 1985）。置身特定產業的個別企業在經營上所採用的各項行為和措施，極可能會有相通之處，一如Pennings & Gresor（1986）所主張的，在不同的產業規範下，企業間的行為是有明顯差異的，不幸的是經常被忽略了。Chatman & Jehn（1994）對4種服務業的15家公司進行調查，即發現產業間的文化差異要比公司之間來得更顯著。

　　此外，在許多案例研究中，企業文化均被視為是決定經營績效的關鍵因素之一（如洪魁東，1989；施振榮，1996；吳鄭重，1993；Deal & Kennedy, 1982；Peters & Waterman, 1982等），它乃是組織成員成功面對環境挑戰和機會所憑恃的競爭利器。當今經營環境的變化日益激烈，一般企業在規劃正式體制時很難期待各種可能的狀況均能事先列入考量，透過企業文化的運作，正可以略微舒緩此一缺憾，因此，它在管理和組織運作上的地位也就更加重要（丁虹、司徒達賢、吳靜吉，1988；張旭利，1988）。

在企業文化的相關研究中，不論採取認知觀點或是生態調適觀點，均是以組織為研究主體的（Gordon, 1991; Hofstede, Bond, & Luk, 1993），也就是說文化是依附在一社會系統之中的，理論上每一社會系統的組成要素不盡相同，進而造成了組織間的文化差異。一般而言，企業絕非獨立於環境之外的一個社會組織體，觀念上，它仍是屬於某一較高層次、範圍較廣的社會系統的一部份；因此，個別企業的文化縱有其獨特性，但仍有相當程度是與外界文化體系相通的，國族文化的研究即是反映出此一現象的存在(Hofstede & Bond, 1988；Hofstede, 1993；吳萬益，1994；Nakata & Sivakumar, 1996)。同樣地，置身相同產業中的個別企業，在面對類似的競爭敵對程度、供應商力量消長、買方力量消長、替代品的威脅等情況下，是否在某些基本原則上也可能會抱持著較接近的見解呢？如果答案是肯定的，那麼這又意謂著在企業文化的研究上存在著另一較企業個體寬廣、但又不同於國族層次的切入點。

在決定經營績效的眾多因素當中，市場導向的正面作用一直是為學術界和實務界所認定的（如 Levitt, 1960, 1975；Kotler, 1977；Webster , 1988；Shapiro, 1988；Day, 1994；Hunt & Morgan, 1995等），雖然，Houston（1986）曾提出行銷概念並非在任何情況皆必然採用的一種最佳經營哲學，不過在相關實證中均仍給予市場導向相當程度的支持；如Narver & Slater（1990）指出，市場導向和企業獲利力、顧客維繫和加強進入障礙均是有正相關的。Deshpande, Farley, & Webster（1993）對日本企業所作的研究中發現，顧客導向愈強經營績效會愈

好。Norburn等人（1990）在四個國家的行銷效能研究中，亦發現至少在兩個國家中市場導向是有正面作用的。Jaworski & Kohli（1993）則發現市場導向和經營績效的關聯是不因市場變遷程度、競爭強度、或技術變遷程度而有所動搖的。

行銷觀念的倡導代表著企業經營哲學的演化，因此即有人主張它是企業文化的一部份，代表了一組特定的組織價值觀(Slater & Narver, 1995；Deshpande & Webster, 1989；Deshpande, Farley, & Webster , 1993)；不過，另由競爭優勢的角度來看，市場導向表現出企業對顧客的了解和滿足，均擁有較競爭者更為卓越的技能（Day, 1994），因此，有人主張它應該是指企業對行銷觀念的落實程度（Kohli & Jaworski , 1990），是一些具體表現的行為和運作。從爭議中可以確定的是企業若要能創出更好的顧客價值，必須在文化的深層有著「顧客至上，超越對手」的基本信念，而且更要藉以培育出市場洞悉力和顧客聯結力，方足以真正享受到勝利的成果（Day, 1994）。就行為面而言，唯有如此，市場導向才得以具有獨特性，不易模仿，而成為可持續的競爭優勢之一（Hunt & Morgan, 1995）。就文化層面來看，企業文化並非是單一構面的，在各項價值觀彼此之間亦是有相互作用的。因此，吾人可以推知在企業文化和市場導向之間是有所關聯的。

綜合以上所述，企業文化和市場導向雖同為軟性機制，但兩者之間的關聯是值得再深入探討的，而且，在此一過程中，也有必要加入產業因素的考量，以求對可能的情境作用有更明確的掌握。

二、研究目的與架構

在少數文獻中曾針對產業文化來加以探討（Toy, 1988；Weiss & Delbecq, 1987），雖然僅止於特定產業的文化描述，但也說明了產業內是可能存在共同的行為或規範。Gordon（1991）則進一步主張，企業文化中有部份的假定和價值觀是以產業為依歸的，直接受到產業因素的影響，如市場成長率、技術層次等。Hofstede等人（1990）亦認為影響組織成員行為的文化因素中，除了企業層面和國族層面以外，其間尚有其他的中介系統存在。凡此均意謂著產業是企業文化的先決因素（antecedent variable）之一。然而，根據Prescott（1986）的發現，產業在策略與績效的關係中所扮演的是一種節制的角色（moderator）；同時，產業雖說是涵蓋個別企業在內的一個較大的社會系統，但它並不像一般企業同樣的具有特定的使命，以及達成該項使命所必需的各種機制運作；因此，Phillips（1994）即認為產業文化的存在與否仍是未定的。

在探究產業因素對企業文化的作用之前，仍有必要先針對產業文化的存在與否進行較大規模的驗證，並對產業的作用本質加以釐清。基於以上認知，本研究的主要目的有下列幾點：

　㈠探討在不同的產業之間，是否存在著文化上的差異。

　㈡針對個別廠商在企業文化上的異同，來了解它對市場導向的影

響。

㈢在加入產業別的考量之後，上述關係是否有所改變。

㈣產業別的作用若是存在，此一作用的本質又是如何。

圖一為本研究針對上述目的所提出的觀念性架構，下文中即根據圖中的變數和關係來逐一說明。

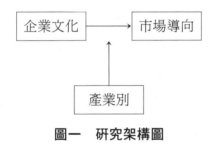

圖一　研究架構圖

三、變數定義及研究假設

㈠市場導向

創造滿意的顧客是企業永續生存的不二法門 (Drucker, 1954)，而顧客對企業滿意程度的認知，則是來自於對各種企業活動的體驗；因此，由行為的觀點來探討市場導向，應該是最貼近經營績效的一種研究途徑。

在Narver & Slater（1990）對市場導向內涵所作的研究中,包括了顧客導向、競爭導向和功能間協調等三項行為成分,以及長期著眼和獲利力等兩項決策準則在內,不過,兩項決策準則因信度偏低,故實際在研究中所討論的仍是以行為面為主,同時,也發現此種界定在構念效度上是可以接受的。Deng & Dart（1994）也根據此三項行為成分再加上利潤導向作為研究中的構念範疇,用來發展市場導向的量表,在248家加拿大廠商的資料中,亦證實了由行為面來衡量市場導向的合宜性。Kohli & Jaworski（1990）即是基於此種落實行為的觀點,將市場導向視為一種泛組織的情報系統的運作狀況,而根據不同企業在市場情報的蒐集、散佈和回應等構面上的表現,來判斷企業在市場導向上的差異。不過,此一定義並未充分反映出一個市場驅動型組織所應具備的對外能力的特色。根據Day（1994）的分類,組織能力可分為對外、對內和跨越等三大過程,其中對外的能力更是肩負著通告和引導另外兩類能力的任務。

情報系統的建立代表著市場洞悉力的運作,其重點不只在於對最終顧客的掌握,還包括了對通路的約束和對產業科技的監控,如此不光是挖掘出機會,而且還確保有能力對新興機會快速地作出必要的回應;也正因它需要主動地迎合市場上的變動,強而有效的創新力是必備的,而整體組織若對風險抱持著高度的接納將會是促成此一能力的一大激勵因子。

因此,在本研究中將市場導向分別由泛組織情報系統的運作、產業技術的關注、顧客聯結和冒險進取等構面來加以探討,後續再藉由

因素分析進行基本構面的萃取，以求對市場導向作更精簡的衡量。

㈡企業文化

　　組織文化在企業中的重要性已如前述，但究竟應由內蘊層或外顯層來看待它，則尚無共識。Schein（1986）將組織中的文化現象區分為基本假定、價值觀和人為創作等三個層次。Hofstede等人（1990）則將企業文化劃分成可見的和核心的兩大層次，前者包括了儀式、表徵和人物等，總稱之為實務，而後者則是涵蓋面較廣、較不特定的一種情感，由價值觀所組成的。繆敏志（1993）認為基本假定之內涵實質上是與價值取向相同的，因此研究中必須由價值觀著手，以免無法掌握組織文化之真義。Marcoulides & Heck（1993）則藉模式驗證的方法來強調企業文化應以一種較寬廣的角度來加以描述。Kotter ＆ Heskett（1992）在一項長達四年的研究中也主張核心價值觀才是企業文化的主體，外在的共同行為組型只是藉由可見度和變異性的加大，所展現的另一種文化層面。由此可知，在企業文化的研究上，既要掌握深度，又要顧及涵蓋面是不容易的。

　　雖然，在組織文化中實務面的差異可能比價值面的差異要來得顯著，不過，隨著文化層次的擴大，價值觀的作用會愈明顯和重要（Hofstede等人，1990）；在國族文化的研究中，即反映出不同的國家間在價值觀上是有差異存在的（Hofstede & Bond, 1988）。因此，在進行與產業文化有關研究時，由文化價值觀來著手，應是可行的。企業的組織文化雖有獨特的元素在內，但也該是國家特性、成員人文特徵、產業

和市場等因素的寫照；同時，由於考慮到不同產業間欲直接就實務面來進行實質的比較，影響所及的先決變數將較爲紛雜，因此，在本研究中，將企業文化視爲一營利機構所秉持的基本價值觀，並從中探求產業別對它的作用。

文化競值模式（competing values model）的觀點是組織文化研究上所採用的分析架構之一（Deshpande, Farley, & Webster, 1993；Moorman, 1995），其主要構面有二：內在導向/外界導向、正式化支配/非正式化支配；不過，此一模式基本上是依照組織對資訊處理的型態而建構的，再加上從中引申出來的四種文化類型，又被視爲非互斥的（江岷欽，1989），意謂著同一組織在構面上的落點並非是唯一的，恐怕在衡量上會造成不少困擾。因此，本研究採納Hofstede等人（1990）所進行的大規模實證研究中對企業價值觀的界定，並以代表工作目標、一般信念和決策風格等領域的之三大基本構面：安全需求、工作至上和權威需求，作爲企業文化的主要構面。

安全需求和權威需求可視爲是國族文化中規避不確定和權力距離的延伸，而工作至上則是企業文化所特有的，它代表著工作在人們的生活型態中是否佔有中心地位。此外，儒家動力亦被認爲是東亞國家所特有的文化構面（Hofstede & Bond, 1988），它所具備的「實踐理性」本質自不容加以忽視（黃光國，1988）。雖然在本研究預試過程中，發現非屬儒家的歐美教義亦散佈在國內企業中，儒家動力之作用並不見得是全面性的；然而，在國內有關社會互動歷程的研究中，屢見泛家族化的現象（楊國樞，1992），且社會結構中反映出來的儒家文化因素

之影響力，可能遠比整體儒家思想來得更爲直接重要（戴西君、張家銘，1989），因此本研究將位居儒家動力核心的社會倫常架構——宗族主義亦一併納入企業文化構面之中。

　　在不同研究中，常因研究主題之不同，而對企業文化採不同的分類方式，有依對變革的態度、對問題解決的態度、對環境的態度來區分的（Scholz, 1987），亦有由人際活動來區分的（Brink, 1991），更有由人員參與和企業活動之主動性來劃分文化格矩的（Byars, 1987），凡此種種，皆造成不同研究在比較和歸納上的困難，而減損了實用的價值。本研究冀望透過對文化基本構面進行量測，能避免因預設立場而折喪了可能的發現。

　　Day（1994）主張只有在文化具有支持性時，市場驅動的行爲較可能出現；甚至在實證中某些屬於文化層面的變數，如高層管理的態度、組織系統等，即被視爲是導致市場導向的先決條件（Jaworski & Kohli, 1993）；在Deal & Kennedy（1982）的企業文化分類中，更明白的指出工作努力且玩時盡興的文化是比較注重市場導向的；Menon & Varadarajan（1992）主張組織內親資訊、親創新的文化愈是強烈，組織內對資訊的交流、利用程度會愈高；Moornam（1995）也認爲對資訊的處理和學習能力會表現在組織的資訊程序中，如資訊的取得、傳送和概念性及工具性的利用等，它是企業成就競爭優勢的知識資產，此類程序的運作會因組織文化而異，整體來看，朋黨型（clan）文化的企業資訊處理程序所受的文化制約最大，而市場型（market）文化所提供的支持亦不如朋黨型文化。資訊運作既是市場導向的構念範疇

之一，由此亦可彰顯出文化對市場導向的積極作用。此外，Hunt ＆ Morgan（1995）更指出行銷觀念和市場導向應視爲兩種不同層次的構念，前者爲企業哲學，屬文化層面，後者注重實行，是屬管理實作層面。由上述可知，企業文化和市場導向之間的互動關係是存在的。

　　安全需求反映出企業在面對不確定的未來時，是如何去應付的。變動的市場需求，使得企業必須經常列入新的產品和服務，以配合演變中的顧客需求和預期；然而，新的產品或計畫更不可避免的要蒙受較高的失敗風險，而且其嚴重性也比現有產品要來得高。在Jaworski & Kohli（1993）的研究中，高層管理者的風險偏好是與企業的回應力有正面關聯的，不過，在情報的蒐集和散佈上則無顯著關係存在，在總合的市場導向上亦是如此。O'Reilly（1989）對上百位不同產業的經理加以調查，亦得出冒險是促長創新的一項關鍵性價值觀。Sasaki（1991）在三家汽車製造商的研發活動中，亦發現技術的突破會受到制度中強調勇於冒險的精神的鼓舞。雖然，冒險的作法被懷疑會促成決策的粗糙和影響進度和預算的控制，進而損傷企業的執行力（Nakata & Siva-kumar, 1996）；不過，基於創意乃執行之源頭的邏輯順序，吾人認爲企業文化中的安全需求構面和市場導向的關係仍以負面居多。因此，提出研究假設一如下。

H1：企業文化的安全需求愈強烈，在市場導向上會表現得愈低落。

　　工作至上的文化構面代表著工作究竟在多數成員的整個生活型態中，佔有多大的份量。當組織中的成員愈是以工作爲生活中心的時候，他對工作的投入程度會愈高，因此，可以預期他會愈重視團隊精神和

職能間的合作。根據Chatman & Barsade（1995）對139位全職MBA學生所作的實驗結果，個人的合作性再搭配上群體主義的企業文化，會得到最好的工作績效。在Jaworski & Kohli（1993）的研究中，部門間的緊密度亦和市場導向呈正向關聯。不過，在集體主義的情境下，由於過度強調共識的形成，可能造成決策延宕，進而貽誤回應的時機；若就資訊傳輸的角度來看，團隊合作愈可行，則商情的分享會做得更徹底；而且，在工作至上的普遍奉行下，企業愈有可能成就朋黨型的文化（clan culture），對資訊的利用會愈有支持性（Moorman, 1995；江岷欽，1989）。上述各項見解雖然並未對工作至上的正面作用全盤接受，但大體上仍是認為企業成員愈重視工作關係，則愈能提昇企業的市場導向，依此提出研究假設二如下：

H2：企業文化的工作至上的成份愈高，企業的市場導向會愈強。

　　權威需求反映出企業成員對階級差異和層級指揮的接受程度，企業中組織結構的集權狀況，即是此一文化構面的投射。分權代表著低度的權威需求，而且又被視為是有機組織的要件。因此，吾人可以預見在低度權威需求的文化中，開創性的活動較能順暢推展，也較能造就出落實市場導向所必備的改革動態（Johne & Snelson, 1988），較有助於新構想構思能力的培育（Shane, 1992,1993）。不過，集權對市場導向的負向效果，在Jaworski & Kohli（1993）的研究中，僅在大公司樣本群中才具有顯著性，因此，背後的真正動力極可能是大型機構的組織僵化，權威需求的真正作用仍待探討。

　　組織中的多數成員若是均有高度的權威需求，相形之下定會產生

較高的依賴感，這對資訊運作是反效能的。而且，不作不錯的駝鳥心態亦較容易蔓延，除非領導者極具強勢作為，否則它對市場導向的影響應是以負面為主。因此，提出研究假設三如下。

H3：**企業文化權威需求愈是強烈，企業的市場導向會愈低落。**

　　宗族主義讓人們對生命的意義有較長遠的眼光，使利己思想可以向外延伸，同時在行動上更注重勤儉和紀律。企業文化中的宗族主義高低，將會影響成員間對前輩與後進關係的建立，轉而影響企業知能的累積和傳承。日本企業對內的永業精神及對外長期結盟體系，似乎也反映出他們在宗族主義上的高度傾向（郭佳境等，1984），而此一現象也正是日本企業的競爭優勢所在（許士軍等，1974；Dyer, 1996）。在日式系列體制（keiretsu）中表現出較長遠的策略導向、較流暢的策略協調和較快速的危機反應等特質（De Leon & Stubbart, 1993），亦說明了宗族主義對市場導向的正面效應。Nakata & Sivakumar（1996）亦認為由工作面來看，儒家動力對創新活動的影響是正向的。由於相關的實證研究實不可多得，因此，本研究僅依據上述推論，提出研究假設四如下：

H4：**企業文化中宗族主義愈強烈，則企業所具備的市場導向亦會較高。**

㈢產業別

　　使用者部門則是眾多策略情境變數中最具顯著性的一項（Prescott, 1986），再加上現代產業的發展過程中，逐漸呈現二級產業和三級

產業分庭抗禮的局面，而且，兩者在產銷過程上具有極大的差異。因此，本研究將產業別視為對企業文化最具影響潛力的因素，並區分為民生製造業、非民生製造業、金融服務業和非金融服務業等四大類，來加以探討。有鑑於一些探索性研究中，分別提出了文化的產業假定（Gordon, 1991），產業的心向集合（Phillips, 1994）等觀念，但在Slater & Narver（1994）的研究中，雖提出了產業因素可能會對市場導向重心產生節制作用，不過，實證過程仍只著重在市場導向與績效的情境關係上，並未直接對產業因素與市場導向之關連或產業因素是否對企業文化與市場導向之關連有所影響加以驗證。

就顧客之性質來看，非民生製造業可能與最終消費者較有距離，因此，在市場導向上的表現可能會是最不積極的；再依產品的有形性來看，服務業可資運用的有形資源相對較少，在競爭上對市場導向的倚賴性更甚於製造業；服務業當中，我國金融業者在業務上多少仍帶有社會公器的色彩，所受的法令規範亦較完善，競爭情形應是較受限制、較可掌控的。因此，本研究針對產業別的作用提出研究假設五如下：

H5：企業文化與市場導向的關係強度會因產業而異；非金融服務業中最高，其次依序為金融業、民生製造業和非民生製造業。

此外，若是研究假設五的驗證結果獲得支持，則吾人可再進一步深入探討產業別在企業文化與市場導向的關係中所扮演的節制性角色。

四、研究設計

㈠樣本

　　本研究以中華徵信所編纂之《1994年國內企業排行》作爲抽樣架構，取樣標準爲年營收10億元以上之廠商，每一樣本單位均要求採多人回答（multiple-informants）的方法來進行，藉以提高調查結果的客觀性（Phillips, 1981）。

　　總計對663家廠商發出問卷，含製造業450家，非金融服務業150家，金融業63家，採郵寄方式送達各公司，每家5份，分別請總經理、企劃主管、製造主管、行銷主管和採購主管各填寫一份；由於各家公司組織編制並不相同，因此，實際填答份數由各公司自行依職權歸屬來決定。經過再次之電話跟催，共回收294份，合爲153家，有效問卷142家，有效回收率21.41％。每一樣本單位不論回答份數多寡，各變項均取該單位之平均數作爲代表。

㈡問卷設計

　　基本資料除外，問卷之主要部份均採七點尺度。市場導向中有關情報資訊系統的部份，包括情報之蒐集、散佈、回應之設計和執行，均參考Kohli, Jaworski, & Kumar（1993）所發展出的MARKOR量表，

擷取方式為先將各題得分平均與預測方向不符者刪去，然後再從中分別自各構面中取平均數差距較大者，共計八題；技術關注、顧客聯結、風險趨避等構面則由作者自行發展，各以二、四、二道題目來衡量，再經由主成份分析來進行因素之萃取。初步分析結果中，由於冒險進取之反面敘述負荷係數明顯地與事前設計不一，故加以剔除，對保留之15道問項再作因素分析。因素數目的決定原則上是以特性值（eigenvalue）高於1為準，但是此一標準在變項少於20時，萃取出的因素有偏少的現象（Hair, Anderson, Tatham, & Block, 1992），故再參酌陡梯測驗（scree test）之結果，將特性值小於1，但很接近1的後續因素亦予納入。由於未經轉軸之負荷結構已趨Thurstone（1947）簡單化的要求，故直接用來判定變項與因素之關係。共計取出三項因素，累積解釋變異66.37%（詳見**表一**）。

根據最終負荷結構來看，第二、三因素上分別僅有冒險進取和情報蒐集能力之負荷係數在±0.5以上，兩者合計變異解釋量占14.21%；第一因素則包羅了其餘的13項，且變異解釋量達52.16%，基於簡約的考量，故直接以第一因素作為市場導向之基本構面；信度分析顯示Cronbach α 係數為0.94，分項對總分之相關係數亦在0.58～0.81之間，項目間的一致性應可接受，因此，直接取13項之平均值作為代理。

企業文化的衡量主要是採用Hofstede等人（1990）所發展的量表中之問題，取該研究中各因素之因素負荷最高前兩項為代表（**安全需求之負荷量為.92和.91，工作至上為.84和.78，權威需求為.81和.70**），再加上自行發展有關宗族主義之問題二道，共八題。

表一 市場導向因素分析負荷結構

	因素一	因素二	因素三
14.公司、供應商和配銷通路（經銷商）三者之中，對於如何去改善產品品質和可信度是有著相互的承諾和期許。	.84	.08	.03
12.公司中的每一單位均能以如何為顧客開創價值或為顧客減省成本為職志。	.82	.07	.02
9.對於經營領域中所需各種技術的未來發展趨勢公司均密切而切實的加以掌握。	.81	.10	.15
5.隨時注意同業競爭者之行銷策略，以適時調整公司的策略。	.81	.05	.09
10.同業間在各項產銷技術上的進步，公司均能及時的加以洞悉，並評估其可能的影響層面。	.79	.07	.01
4.顧客需求的資料會定期分送至相關部門參酌。	.79	.01	.18
6.針對市場研究結果，以顧客需求導向為第一。	.78	.39	.06
8.公司寧可事前充分蒐集情報後，才做決定，方不會浪費時間、金錢。	.77	.21	.09
3.公司中的行銷人員有心花時間去和其他相關功能部門，討論（顧客）未來的需求。	.75	.12	.23
11.公司已累積了相當的知識和技能，足以用來維繫顧客與公司的關係。	.73	.02	.16

表一（續）

7.公司不同部門的活動，皆以顧客爲導向，彼此配合、協調及分工合作，以達到營業額爲最終目標。	.72	.39	.08
1.在本公司，經常與經銷商或客戶開會研討，以探討他們未來所需的產品及服務是什麼。	.72	.26	.23
13.公司、供應商和配銷通路（經銷商）三者有關問題之解決，在問題解決和行動對策上是以公司爲主導，要求供應商與經銷商配合解決的方式做爲基礎來運作的。	.63	.39	.09
15.追求高風險，方才有高利潤，也才有可能突破業績瓶頸。	.30	.62	.33
2.本公司察覺市場消費趨勢變化之能力稍弱，但我們的產品仍可禁得起考驗。	.27	.43	.79
特性值	7.824	1.185	.946
解釋變異%	52.16	7.90	6.31
累計解釋變異%	52.16	60.06	66.37

註：方格中底色加深者爲負荷絕對值在0.5以上

　　經相關分析顯示，在四項企業文化構面之間，除了宗族主義和權威需求以外，彼此間均是有顯著相關（詳見**表二**）；此情況一如Hofstede（1980）在國族文化上的發現，欲理出完全獨立的文化構面似乎是較苛求的。由於具顯著性的各個相關係數均在±0.3以下，爲求對文化內涵能有更多面性的了解，故後續分析仍就個別構面來分別進行。

表二　企業文化構面相關係數

	工作至上	權威需求	安全需求
權威需求	0.176a		
安全需求	−0.171a	0.249b	
宗族主義	−0.262b	−0.057	0.280b

註：a: $p < 0.05$，b: $p < 0.01$

㈢節制作用的判定

　　理論上，節制型迴歸分析（moderated regression analysis）可用來探討變數對某一既存關係形式的影響，當變數間的互動作用不顯著時，再採用次群分析（subgroup analysis）來檢查關係強度的異同（Prescott, 1986）。由於前者的運算是先確定各個自變數的主效果後，再加入互動效果的驗證，觀念上乃是主效果在前，互動效果在後，而且隱含著情境變數的節制作用是必然劃分為對關係強度的影響和對關係形式的影響兩大類。本研究欲避免此一預設立場，故透過逐次迴歸分析（stepwise regression analysis）來決定企業文化構面與市場導向之關係形式中，也就是說在進行分析時，將所有可能變數的主效果和彼此之互動效果同時加以考量，而由各該效果顯著性的高低來決定迴歸的關係形式。

五、研究結果

　　經由產業別分組後，對各組在各企業文化構面的表現進行變異數分析和鄧肯多重檢定，除了在權威需求上，金融業和非民生製造業顯著地高於民生製造業，其餘各構面在各產業間均無顯著差異（詳見**表三**）。

表三　企業文化構面和市場導向之產業比較＊

	全體產業 (142)	民生製造 業(23)	非民生製 造業(61)	金融業 (23)	非金融服 務業(35)	F值	p值	備註＊＊
工作至上	4.828	4.928	4.785	5.014	4.715	0.74	0.53	
權威需求	3.960	3.446	4.121	4.278	3.809	3.63	0.01	(3,2)－1
安全需求	3.002	2.661	3.161	2.959	2.979	1.46	0.23	
宗族主義	3.838	3.688	3.778	3.858	4.028	0.64	0.59	
市場導向	5.228	5.269	5.238	5.233	5.183	0.06	0.98	

＊括弧數字為廠商家數
＊＊$\alpha = 0.05$,(a,b)－c 表示a組和b組均與c組有顯著差異

　　依此來看，似乎在產業間並無較特定的文化傾向，H1並未獲得支持；但是，此一結果尚不足以推斷產業文化是不存在的，只能說是並未存在著可以察覺的文化差異而已。隨後，先以不分產業和大分類的方式來進行逐次迴歸分析，將各文化構面和彼此間的互動項、產業別、各文化構面與產業別的互動項全數列入候選自變數，探討在決定市場

導向程度時各個自變數的可能作用。結果僅有工作至上、權威需求和
宗族主義之互動，以及安全需求與宗族主義之互動在作用上是最顯著
的（詳見**表四**）。

表四　企業文化構面對市場導向的作用──產業大類

	全體產業		製造業		服務業	
	β值	p值	β值	p值	β值	p值
工作至上	0.290	0.000	0.351	0.001	0.171	0.132
權威需求＊宗族主義	0.300	0.001	0.210	0.084	0.495	0.001
安全需求＊宗族主義	−0.514	0.001	−0.397	0.002	−0.753	0.001
調整後R^2值 p值	0.303 0.0001		0.256 0.0001		0.394 0.0001	

　　整體而言，整體產業和大分類的迴歸結果大致上是類似的。在影
響企業之市場導向的企業文化構面中僅工作至上之主效果、權威需求
與宗族主義之互動效果、安全需求與宗族主義之互動效果等三項是顯
著的。文化中愈是認同工作至上，則市場導向亦愈高，此可支持H2的
陳述；但是，其餘三項文化構面的主效果均不顯著，H3～H5均未獲得
支持，也就是說，權威需求、安全需求和宗族主義三者若是個別獨立
作用的話，對企業的市場導向並不會有何正面或負面的作用。不過，
互動效果的顯著性則充分表現出文化中各不同構面的糾結，而且其終
極作用更在個別文化構面之上，突顯出企業文化的運用有賴整體的考
量，才得以克竟其功。當企業文化對宗族主義的認同在產業平均水準

以上時，欲求對市場導向的整體正面效應為最高，必須要有高於平均水準的權威需求、低於平均水準的安全需求來加以配合；反之，當企業文化對宗族主義的認同在產業平均水準以下時，則必須要有低於平均水準的權威需求、高於平均水準的安全需求相互搭配；就此三項文化構面來看，其效應是不宜分開考量的。在產業大分類下，R^2的大小似顯示出，服務業欲仰賴企業文化來推動市場導向是比製造要來得更為可行的。

　　由於不同產業在文化構面上僅有權威需求一項有顯著差異，而且各產業之間在市場導向上也沒有顯著的差異（詳見**表三**），若依Sharma, Durand & Gur-Arie（1981）的規格變數分類而論，可合理地將產業別充作市場導向之先決因素的可能性加以排除，但在企業文化與市場導向的關係中可能具有節制的作用，則有待再以次群分析來深入探討，作進一步確認。

　　對各產業分別進行逐次迴歸分析之後，各產業間對市場導向具有顯著作用的文化因素，似乎有所不同（詳見**表五**）。雖然，工作至上的重要性仍然普遍存在，但在金融業中則由權威需求所取代。

　　就金融業而言，文化中權威需求相對水準愈高，所表現的市場導向亦愈強；因此，宜採層級體制以明確規範上下從屬關係。此外，由於安全需求和宗族主義兩者的顯著互動，因此在企業文化中若安全需求是屬高水平的，則必須同時對宗族主義加以抑制；反之亦然，以免滋長對市場導向的負面作用。

　　就非金融服務業而言，雖然工作至上主效果是顯著的，但重要性

表五　企業文化構面對市場導向的作用——產業別

	民生製造業		非民生製造業		金融業		非金融服務業	
	β值	p值	β值	p值	β值	p值	β值	p值
工作至上	0.528	0.006	−0.463	0.064			0.313	0.033
權威需求					0.524	0.006		
安全需求	−0.301	0.095	−2.079	0.000				
工作至上＊安全需求			1.931	0.001				
權威需求＊宗族主義							0.638	0.004
安全需求＊宗族主義					−0.407	0.028	−0.893	0.000
調整後R²值 p值	0.410 0.0020		0.296 0.0001		0.358 0.0046		0.471 0.0001	

遠不及宗族主義與安全需求、宗族主義與權威需求等兩項顯著的互動效果。前述產業整體和大類分析中所呈現的文化糾結現象，於此再度獲得印證；在各產業迴歸式中，非金融服務業的R^2是最高的，反映出在此一產業中，企業文化對市場導向的助益是最有潛力的，再加上互動效果的重要性更見突出，因此，如何避免權威需求、安全需求和宗族主義互相掣肘，在此產業中是相當值得重視的課題。

　　在製造業中，宗族主義的作用已毫無顯著，雖然工作至上和安全需求之主效果均呈顯著，但是工作至上在民生製造業和非民生製造業兩者中，却有截然不同的作用。對民生製造業而言，愈是強調工作至上，市場導向會愈高；不過，安全需求愈強烈，市場導向則反受其害。由於沒有任何互動效果是顯著的，且R^2亦不低，企業文化的可用性是

可以肯定的。

　　在非民生製造業中，工作至上對市場導向的負向作用，或可作為當今工業市場和批發市場中愈加重視關係行銷、雙向互動（Morgan & Hunt, 1994；Anderson, Hakansson, & Johanson, 1994）的一項佐證；非民生製造業中若能有低於平均水準的安全需求，或是對工作至上的認同亦低於平均水準時，對市場導向的提昇極有幫助，其中安全需求的決定性更在工作至上之上，此時，再加上安全需求及工作至上之互動效果的進一步推動，更可顯著促長市場導向。由此亦可知上述兩項文化構面同步運用，所得到的淨效果絕非是僅考慮其中之一所能比的。迴歸式之R^2雖敬陪末座，但就企業文化操弄上的單純性來看，是居各業之首的。

　　依R^2大小來看，企業文化對市場導向的作用依序為非金融服務業、民生製造業、金融業和非民生製造業，H5是大部份獲得支持的；若由兩者的關係形式來看，企業文化在非金融服務業以外的各產業中可操弄性是很高的，因此，藉由企業文化來達成落實市場導向的目的，是相當可行的。此外，由**表四**和**表五**之中所顯示的不同迴歸結果來說，可以發現在產業效應的研究上，若僅就較廣泛的產業分類方式為之，較不易察覺文化作用的差異。

　　上述分析中，由於產業別與企業文化、市場導向之間並無顯著相關，故在規格變數分類中屬於改變關係強度的節制因子，不過，若由各次群迴歸式中所包含的自變數不盡相同來看，它同樣也會影響到關係的形式，此一發現與以往研究中一分為二的節制性質是有所不同

的。

六、結論與建議

　　產業文化雖然在觀念上是一高於企業文化的社會現象，不過，在本研究中並未能明顯地觀察出不同產業之間在企業文化上的差異性。雖然如此，但藉著次群分析和逐次迴歸，本研究却發現產業別可能是具有節制關係形式和強度的情境因素。

　　企業文化與市場導向關係強度最高的是非金融服務業，不過文化內涵則較不易操弄，此可能與此一產業中所涵蓋的範圍較廣，經營範疇的同質性較低有關；相反地，關係強度最低的是非民生製造業，可是在運用上却是最單純的。

　　由關係形式來看，工作至上和安全需求是影響製造業市場導向的兩項主要文化構面，服務業中則分別以權威需求和工作至上為主，宗族主義則只在服務業中才分別與權威需求和安全需求發生互動作用。

　　整體比較下，製造業對設備的倚賴是在服務業之上，不過，民生製造業由於與最終市場的關係較為直接，工作至上在兩項製造業中却有截然不同的作用。對民生製造業而言，顧客乃外界關係人，不易如非民生製造業般視之為工作夥伴；為有效促成交易的進行，以工作來看待這種內外分明的交易關係，可能是更恰當的。反之，工作至上在非民生製造業所呈現的負向作用，則反映出夥伴關係既已可能，自不

宜再加強調以免反而有礙。民生製造業不論由關係的形式或強度上來看，均是極有希望透過企業文化的塑造或運作來提昇企業之市場導向的一個領域，只要在文化中提昇工作與成員之關係，並且在制度上針對開創性的活動多予正面支持，是可以使企業成為真正的市場驅動組織體。

　　理論上，服務即為一種過程（McLuhan, 1964），也代表著一系列的結構元素（Shostack, 1987）。Thomas（1978）主張以設備為主和以人員為主的服務業在策略上亦有不同要求，Schmenner（1986）亦發現服務業在經營上有朝向互動程度與勞力密集度同步變動的趨勢，而且有成為服務工廠（service factory）的可能。金融業傳統上是屬於低度互動型的，因此，發展上也愈加具有設備本位的色彩。國內金融業由於開放不久，新銀行的加入改變了競爭態勢，經營上除了透過實體環境來增進有形化，更在交易過程中引進自動化和自助化，如自動存提款、自助存摺登錄等，以強化競爭力；凡此，均可能降低人員在交易過程的比重，故企業文化的作用反比民生製造業來得弱，而且，由權威需求對它的影響力來看，亦不同於非金融服務業的工作至上。

　　由於本研究並未觸及經營績效之比較，而且是以企業為文化之分析單元，因此，研究上會有下列限制存在：

　　㈠站在企業的立場，秉持市場導向仍需考量成本面的因素，因此，在市場導向的表現上很可能會自我設限，從而模糊了企業文化的作用。

　　㈡部門別次文化的運作是企業政治生態中的重要環結，直接影響

到企業在各個相關領域的抉擇，而此亦正是吾人期盼於行銷在
策略對話中發揮應有功能（Day, 1992），所必須事先理解的，但
在本研究中並未加以探討。

㈢取樣以大規模企業為主，外部效度有待商確。不過，由於在小
型企業中企業文化往往只是高層管理者經營哲學的直接投射，
在概念上不易加以區別，因此，也比較不容易從事文化現象的
觀察。

㈣以關鍵代表人來進行資料的蒐集是組織研究中常用的方法，本
研究雖曾嘗試加以調整，但因各受訪公司大多只有一人填答問
卷，故實際成效不大，單人回答的可能偏差仍未完全消除。

　　針對研究之發現和上述主要限制，後續在進行企業文化的研究
時，不可輕忽了產業類別的影響，甚至有必要針對產業基本構面作更
深入的了解，並針對文化操弄面臨兩難的產業，如非金融服務業的文
化內涵作更詳細的探索與釐清，以找出較可行的途徑。同時，亦可將
企業之人文特性如企業規模、存續期間等一併納入，應該可以更充實
吾人對文化與市場導向關係的認識。此外，文化改造是相當艱鉅的工
程，如果能夠辨認出某些與市場導向有更直接關聯的文化要素，以提
高企業文化在管理上的可用性，亦是值得再進一步研究的。

參考文獻

丁虹、司徒達賢、吳靜吉(1988)：〈企業文化與組織承諾之關係研究〉，《管理評論》(7月)，第173-198頁。

江岷欽（1989）：〈組織文化研究途徑之分析〉，《中國行政》，46期（8月），第36-61頁。

吳萬益（1994）：〈中美日在台企業組織文化、管理風格、組織結構及經營績效之關係研究〉，國科會專題研究計劃成果報告。

吳鄭重譯（1993）：《奇異傳奇》，台北：智庫文化。

施振榮（1996）：《再造宏碁》，台北：天下文化。

洪魁東（1989）：《企業文化──運作與管理》，台北：宏碁科技管理教育中心。

張旭利（1988）：〈企業策略、企業文化及企業績效關係之研究〉，淡江大學管理科學研究所管理科學組碩士論文。

許士軍、楊逢泰、雷動天譯（1974）：《管理：任務、責任、實務》，台北：地球。

郭佳境等譯（1984）：《日本：迷惘的大國》，台北：世界地理。

黃光國（1988）：《儒家思想與東亞現代化》，台北：巨流。

楊國樞（1992）：〈中國人的社會取向：社會互動的觀點〉，楊國樞、余安邦：《中國人的心理與行為──理念及方法篇》(編)，台北：

桂冠。

戴西君、張家銘（1989）：〈台灣中小企業發展之研究〉，《台灣中小企
　　業發展論文集》，陳明璋主編，台北：聯經。

繆敏志（1993）：〈組織文化之探討〉，《國立政治大學學報》，下冊（10
　　月），第133-162頁。

Anderson, James C., Hakan Hakansson, & Jan Johanson(1994). Dyadic
　　business relationships within a business network context, *Journal of
　　Marketing,* 58(October), 1-15.

Brink, T. L.(1991). Corporate cultures: A color coding metaphor, *Busi-
　　ness Horizons,* 34(5), 39-44.

Byars, Lioyd L.(1987). *Strategic management planning and implementation:
　　Concepts and cases.* N. Y.: Harper & Row.

Chatman, Jennifer A. & Sigal G. Barsade(1995). Personality, organ-
　　izational culture, and cooperation: Evidence from a business simula-
　　tion, *Administrative Science Quarterly,* 40(September), 423-443.

── & Karen A. Jehn(1994). Assessing the relationship between indus-
　　try characteristics and organizational culture: How different can you
　　be? *Academy of Management Journal,* 37(3), 522-553.

Day, George S.(1994). The capabilities of market-driven organizations,
　　Journal of Marketing, 58(October), 37-52.

──(1992). Marketing's contribution to the strategy dialogue, *Journal of
　　the Academy of Marketing Science,* 20(4), 323-329.

De Leon, Jesus Ponce & Charles I. Stubbart(1993). Keiretsu, konzern and conglomerate: Organization differences and strategic implications, *Proceeding for the First International Conference on Global Business Environment and Strategy*, 135-143.

Deal, Terrence E. & Allen E. Kennedy (1982). *Corporate cultures: The rites and rituals of corporate life*. Reading, MA: Addison-Wesley.

Deng, Shengliang & Jack Dart(1994). Measuring market orientation: A multi-factor, multi-item approach, *Journal of Marketing Management*, 10, 725-742.

Deshpande, Rohit & Frederick E. Webster, Jr.(1989). Organizational culture and marketing: Defining the research agenda, *Journal of Marketing*, 53(January), 3-15.

Drucker, Peter F.(1954). *The practice of management*. New York: Harper and Row Publishers Inc.

Dyer, Jeffrey H.(1996). How chrysler created an American keiretsu, *Harvard Business Review*, 74(4), July/August, 42-56.

Gordon, George G.(1991). Industry determinants of organizational culture, *Academy of Management Review*, 16(2), 396-415.

Hair, Jr. Joseph F., Rolph E. Anderson, Ronald L. Tatham, & William C. Black (1992). *Multivariate data analysis*. 3rd ed., N. Y.: Macmillan Publishing Company.

Hambrick, Donald C. & David Lei(1985). Toward an empirical prioritization of contingency variables for business strategy, *Academy of Management Journal,* 28(4), 763-788.

Hofstede, Greet(1993). Cultural constraints in management theories, *Academy of Management Executive,* 7(1), Feb., 81-94.

—— (1980). Motivation, leadership and organization: Do American theories apply abroad? *Organizational Dynamics,* 8(2), Summer, 42-63.

—— , B. Neuijen, D. Ohayv, & G. Sanders(1990). Measuring organizational cultures: A qualitative and quantitative study across twenty cases, *Administrative Science Quarterly,* 35(June), 286-316.

—— & Michael Harris Bond(1988). The Confucious connection: From cultural root to economic growth, *Organizational Dynamics,* 16(4), Spring, 4-21.

——,——, & Chung-Leung Luk(1993). Individual perceptions of organizational cultures: A methodological treatise on levels of analysis, *Organization Studies,* 14(4), 4 83-503.

Houston, Franklin S.(1986). The marketing concept: What it is and what it is not, *Journal of Marketing,* 50(April), 81-87.

Hunt, Shelby D. & Robert M. Morgan(1995). The comparative advantage theory of competition, *Journal of Marketing,* 59 (April), 1-15.

Jaworski, Bernald J. & Ajay K. Kohli(1993). Market orientation: Antecedents and consequences, *Journal of Marketing.* 57(July), 53-70.

——, John U. Farley, & Frederick E. Webster, Jr.(1993). Corporate culture, customer orientation and innovativeness in Japanese Firms: A quadard analysis, *Journal of Marketing*, 57(January), 23-27.

Johne, Frederick A. & Patricia Snelson(1988). Success factors in product innovation: A selective review of the literature, *Journal of Product Innovation Management*, 5(June), 114-128.

Kohli, Ajay K. & Bernald J. Jaworski(1990). Market orientation: The construct, research propositions, and managerial implications, *Journal of Marketing*, 54(April), 1-18.

——,——, & Ajith Kumar(1993). MARKOR: A measure of market orientation, *Journal of Marketing Research*, 30(November), 467-477.

Kotler, Phillip(1977). From sales obsession to marketing effectiveness, *Harvard Business Review*, 55(6), 67-75.

Kotter, John P. & James L. Heskett(1992). *Corporate culture and performance*. New York: Free Press.

Levitt, Theodore(1960). Marketing myopia, *Harvard Business Review*, 38(Jul/Aug), 45-56.

——(1975). Marketing myopia: Retrospective commentary, *Harvard Business Review*, 53(Sep/Oct), 177-181.

Marcoulides, George A. & Ronald H. Heck(1993). Organizational culture and performance: Proposing and testing a model, *Organization Science*, 4(May), 209-225.

McLuhan, Marshall(1964). *Understanding media*. N.Y.: McGraw-Hill

Book Company.

Menon, Anil & P. Rajan Varadarajan(1992). A model of marketing knowledge use within firms, *Journal of Marketing*, 56(October), 53-71.

Moorman, Christine(1995). Organizational market information processes: Cultural antecedents and new product outcomes, *Journal of Marketing Research*, 32(August), 318-335.

Morgan, Robert M. & Shelby D. Hunt(1994). The commitment-trust theory of relationship marketing, *Journal of Marketing*, 58(July), 20-38.

Nakata, Cheryl & K. Sivakumar(1996). National culture and new product development: An integrative review, *Journal of Marketing*, 60(1), January, 61-72.

Narver, John C. & Stanley F. Slater(1990). The effect of a market orientation on business profitability, *Journal of marketing*, 54(October), 20-35.

Norburn, David, Sue Birley, Mark Dunn & Adrian Payne(1990). A four nation study of the relationship between marketing effectiveness, corporate culture, corporate values, and marketing orientation, *Journal of International Business Studies*, 21(3), 451-458.

O'Reilly,Charles(1989). Corporation, culture, and commitment: Motivation and social control in organizations, *California Management*

Review, 31(Summer), 9-25.

Pennings, Johannes M. & Christopher G. Gresov(1986). Technoeconomic and structural correlates of organizational culture, *Organization Studies,* 7, 317-334.

Peter, Thomas J. & Richard H. Waterman(1982). *In search of excellence: Lessons from America's best-run companies.* New York: Harper & Row.

Phillips, Margaret E.(1994). Industry mindsets: Exploring the cultures of two macro-organizational settings, *Organization Science,* 5(3), August, 384-402.

Porter, Michael E.(1980). *Competitive strategy.* New York: Free Press.

Prescott, John E.(1986). Environments as moderators of the relationship between strategy and performance, *Academy of Management Journal,* 29(2), 329-346.

Sasaki, T.(1991). How the Japanese accelerated new car development, *Long Range Planning,* 24(1), 15-25.

Schein, Edgar H.(1986). *Organizational culture and leadership,* San Francisco: Jossey-Bass.

Schmenner, Roger W.(1986). How can service business survive and prosper ? *Sloan Management Review,* Spring, 21-32.

Scholz, Christian(1987). Corporate culture and strategy-the problem of strategic Fit, *Long Range Planning,* 20(4), 78-87.

Shapiro, Benson P.(1988). What the hell is market orientated? *Harvard Business Review,* 66(Nov/Dec), 119-125.

Shane, Scott A.(1992). Why do some societies invent more than others? *Journal of Business Venturing,* 7(January), 29-46.

Sharma, Subhash, Richard M. Durand, & Oded Gur-Arie(1981). Identification and analysis of moderator variables, *Journal of Marketing Research,* 18(3), 291-300.

Shostack, G. Lynn(1987). Service positioning through structural change, *Journal of Marketing,* 51(January), 34-43.

Slater, Stanley F. & John C. Narver(1994). Does competitive environment moderate the market orientation-performance relationship? *Journal of Marketing,* 58(January), 46-55.

── & ──(1995). Market orientation and the learning organization, *Journal of Marketing,* 59(3), July, 63-74.

Thomas, Dan R. E.(1978). Strategy is different in service business, *Harvard Business Review,* July-August, 158-165.

Thurstone, Louis(1947). *Multiple factor analysis.* Chicago: University of Chicago Press.

Toy, Stewart(1988). The defense scandal: The fallout may devastate arms merchants, *Business Week,* July, 28-30.

Webster, Jr., Frederick E.(1988). Rediscovering the marketing concept, *Business Horizon,* 31(May/June), 29-39.

Weiss, Joseph & Andre Delbecq(1987). High-technology cultures and management: Silicon Valley and route 128, *Group & Organization Studies*, 12(1), March, 39-54.

跨文化管理環境下的企業文化和人力資源管理模式

王重鳴

杭州大學管理學院

〈摘要〉

　　現代管理的重要趨勢是日益注重跨文化管理環境下企業文化的演變及其特點，以及人力資源管理的新模式和戰略。本文通過對近年來在大陸投資的台資企業及其他地區／國別合資企業的調研與比較，分析了不同類型企業的組織文化特點、管理風格和管理效能。同時，深入考察了跨文化管理環境條件下的人力資源管理的新模式及其特點，包括激勵制度、人事制度和技術培訓方案等方面的規範化程度。文章還探討了影響台資企業和其他地區／國別的合資企業管理水平的重要因素以及外派經理人員的適應問題，並在此基礎上提出有關合資企業管理科學化理論原則，討論了增進台資在大陸投資和提高跨文化工商管理效能的實際戰略。

一、引言

現代管理的重要趨勢是日益注重跨文化工商管理環境下企業文化的演變與發展，以及跨文化人力資源管理的新模式和戰略。近年來，在大陸投資的台資企業和其他地區／國別合資企業越來越多，跨文化工商管理環境下的企業文化特點、管理風格及管理效能等都成為重要的研究和應用領域（王重鳴、沈劍平，1990；Wang & Pan, 1992）。同時，深入考察跨文化管理環境中企業文化與人力資源管理的關係，包活激勵制度、人事制度和技術培訓方案等方面，也成為管理學界和企業界十分關心的任務（Wang & Satow, 1994a, 1994b; Stewart & Campbell, 1994）。

企業文化的核心是組織文化。Hofstede（1980）把組織文化看成「集體的心理編程」。Schein（1985）提出，組織文化是特定的組織在處理外部環境和內部過程中出現的問題時，所發展起來的基本規範，是被用作指導組織成員觀察、思考和感受有關問題的正式方式；組織文化模式包括行為、信念和價值觀。他認為，組織文化隱於價值觀之中而決定了行為方式。Deal和Kennedy（1982）在其專著《企業文化》中，以不同的角度揭示了企業文化的內涵，認為企業文化是一套非正式的規範，是引導成員行為的強有力工具，是組織成員共享的「價值觀和信念基礎」。這些論點為理解組織文化的涵義提供了有益的框架。中國

學者則根據特定的政治、經濟、文化背景，提出幾種觀點。王重鳴（1993）
在系統考察中國傳統文化和企業改革之間的關係時提出，組織文化是
一種共享的信念、社會規範、組織角色和價值觀。盧盛忠（1992）在
《組織行為學》中提出組織文化的定義，認為組織文化應是在一定歷
史條件下，組織在其發展過程中形成的共同價值觀、精神和行為準則
及其規章制度、方式和物質設施中的外在表現。事實上，企業文化是
經過多年的管理實踐、培育而確立，並對組織產生巨大的能動作用，
主要包括導向作用、凝聚作用和激勵作用。

　　企業文化對於管理行為具有十分重要的作用。Ott（1989）對組織
成員有關企業文化的知覺進行了研究，發現企業文化是多層次的，不
同層次的人對組織文化知覺不一。許多研究提出，高級經理的責任感
與參與，影響着組織文化的發展變化；在一定條件下，組織文化對績
效會具有積極的影響，當員工與上司之間形成觀點一致的「強文化」
時，會產生較多的滿意度和責任心，組織歸屬感與長期任用之間也有
明顯關係。「強文化」組織中的員工較少產生角色模糊和角色衝突，並
對組織具有更高的滿意度和責任感。組織中高度的激勵和團結性，往
往歸因於家族觀和積極的公司哲學（Ouchi, 1981；Pascale & Athos,
1981）。正面的組織文化是企業組織競爭優勢的主要保證，通過形成正
面的組織文化、有利於革新的領導方式、以及錄用有創新與革新精神
的員工等方式，可以實現組織創新。

　　Quinn（1988）提出一種獨特的組織文化模型，見圖一。他認為，
組織文化包含兩個基本維度，可以用平面座標系來表示，水平軸代表

組織活動的重點，軸的二端分別為內在重心和外在重心，內在重心即指組織本身，例如管理程序、人員等；外在重心指組織管理與環境的關係，是組織的結果。垂直軸二端則分別表示靈活性和控制性。控制性指組織成員的行為受管理控制的程度；靈活性則指組織成員處理問題的權限範圍。垂直軸的兩端之間是一個連續的多種狀態的組合。兩軸整合產生四個象限，即目標導向、革新導向、支持導向和規則導向。

圖一　Quinn組織文化模型

王重鳴（1994）針對中國合資企業的組織文化的現狀進行了大量調查研究，提出對組織文化在中國的進一步發展的理論和實踐措施，認為正面的企業文化應具備三個特徵：第一，決策、信息交流與人際關係符合實際要求；第二，組織內部有明確的規範和作業要求；第三，能夠有效運用人力資源管理方案。

本研究試圖通過對國有企業和合資企業組織文化和人力資源管理模式的實證研究，分析跨文化工商管理環境下的企業文化特點、人力資源管理風格和管理效能，從而探討影響台資企業和其他地區／國別

合資企業管理水平的若干因素，以及外派經理人員良好適應的條件，並在此基礎上提出有關合資企業科學化的理論原則和提高跨文化工商管理效能的實際戰略。同時，尋求不同組織體制企業中組織文化與人力資源管理之間的權變關係，以及人力資源管理對企業績效的影響模式。本研究採用Quinn的組織文化模型，對不同企業的組織文化進行測量和分析。在以往研究的基礎上，按照系統的觀點，提出有關企業文化與人力資源管理關係的模型如**圖二**。

圖二　不同企業文化與人力資源管理的關係

根據這一模型，可以提出以下幾點假設：

(1)不同管理體制的企業，其企業文化也不一樣；

(2)企業文化影響人力資源管理的模式；

(3)人力資源管理的模式影響企業的組織績效；

(4)組織績效對企業文化有反饋作用。

根據Quinn的理論模型，我們可以進一步嘗試性地提出「組織文化與人力資源管理關係的結構模型」，表明組織文化從革新導向、目標導向、規則導向和支持導向等四個方面以整合方式作用於人力資源管理，如**圖三**。

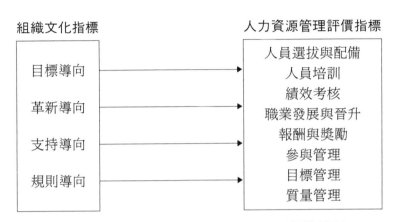

圖三　組織文化與人力資源管理的預測結構模型

　　合資企業管理的核心問題是管理決策的方式與效能，包含許多因素和關鍵指標。我們在研究中把這些因素劃分成預測指標、過程指標和效能指標（王重鳴、沈劍平，1990；王重鳴，1994）。

⑴預測指標

　　這方面的指標涉及合資企業在人力資源管理和組織決策方面的實際工作方式。主要包括決策價值前提、組織氣氛、人力資源管理規範化、決策源定位和外方影響力等關鍵因素。其中，決策價值前提和決策源定位（locus of decision making）是管理決策研究中日益強調的組織決策的複合特徵。決策價值前表示管理決策的目標定向（包括長期、中期和短期目標）和目標體系。由於合資企業的中、外方母公司往往具有不同的合資動機和目標，因而其決策價值前提也不同。這種決策價值前提差異可能會直接影響決策的判斷方式和決策質量。管理決策的另一重要方面特徵是決策源定位，這是從管理權分佈和決策權分享

的角度，分析合資企業的管理決策模式，既包含同一組織管理層次的中、外方管理人員的決策源定位，也涉及企業的高、中、基層管理部門各層次間管理權力的分布（Wang & Heller, 1993）。

同時，在合資企業裡，中、外雙方的組織文化相互交融與影響，成爲合資企業中顯著的管理因素。我們的研究表明，組織文化與管理體制之間的相容性，在很大程度上反映出合資企業管理的層次水平和成熟度，並直接影響其管理效能（Wang, 1992）。

⑵過程指標

我們選擇了管理人員技能利用層次、決策質量和決策效能等三種指標作爲過程指標。合資企業管理人員的崗位適應、參與決策和對下屬的影響力都是其管理技能利用層次的因素。決策質量主要指管理決策能否「瞄準」問題，解決問題；決策效能則是指決策後的共識、接受、理解和執行程度。

⑶效能指標

合資企業管理的效能指標採用了國際工管管理研究中常用的一些指標，包括中外方合作性、人力資源利用率、任務達成、市場與產品、人員更替程度、長期管理行爲和企業獨立性等指標。

以上指標構成一個過程預測模型，以人力資源管理和決策特徵爲主線，作爲合資企業管理評價的理論框架。

二、企業研究

本研究涉及大陸63家企業的473位管理人員。首先，我們對浙江省內30家不同管理體制的企業（**包括國有企業、鄉鎮企業、合資企業和私營企業**）進行了實地調查。在每家企業，訪問了各類人員12-15人，包括廠長或總經理、人事或人力資源經理、一般管理人員和職工等，共計388人。這樣，從多個角度、多種渠道來了解企業的組織文化、人力資源管理情況，以及員工的心理知覺和態度。我們在研究中採用半結構訪談法、問卷調查法、個案研究法和檔案法等方法進行資料收集。在此基礎上，對天津開發區32家各種類型的合資企業進行了企業管理決策模式評價，共訪問了85位總經理和部門經理人員。

研究方案

實地研究分三個階段進行：

第一階段，對浙江省各地區市、縣的30家有典型意義的企業進行現場調研和訪談，並作問卷調查。着重於了解各類企業中的組織文化和涉及人力資源管理模式的關鍵事件。

第二階段，對天津開發區32家各種類型的合資企業進行現場調研和訪談，並作問卷調查。着重於就企業管理決策模式、主要影響因素和管理效能進行評價，共訪問了85位總經理和部門經理人員。

　　第三階段，對調查所得的資料，進行歸納。通過個案的定性比較分析和對調查問卷的定量研究，驗證各測量指標間的關係和理論模型。並提出完善合資企業跨文化管理的主要策略和途徑。

　　這項研究採用了以下四種訪談表與問卷表：

　　⑴「高級經理訪談提綱」，內容涉及企業的管理哲學、價值前提、群體管理方法、領導風格、人力資源管理策略、技術策略、企業文化、績效、實力和弱點等八個方面，共30個問題的半結構訪談提綱，用於廠長、總經理的面談。

　　⑵「人力資源管理訪談提綱」，內容包括人員選拔與配備、人員培訓、績效考核職業發展與晉升、報酬與獎勵、參與和工會、質量管理、目標管理等八項內容，共32個項目，要求用5點量表打分，就企業在每個方面的實際重視程度作出評價，調查對象為人事經理。

　　⑶「企業文化問卷」，主要內容包括革新導向、目標導向、規則導向和支持導向等組織文化方面的測量和組織管理績效的評定，共29個項目構成，採用五點量表。要求每個企業的12-15名一般管理人員和職工，在研究者的監督下現場完成並收回。

　　⑷「中外合資企業管理決策問卷」，進行管理決策及效能評價，包括預測分量表（價值前提、人力資源管理、組織氣氛、決策責任、決策源定位、外方影響力等指標）、過程分量表（人力資源利用層次、決策質量、決策效能等指標）、效標量表（人力資源利用率、任務達成、產品市場、人員更替等指標）三個部分（王重鳴，1994）。

測量指標分析

　　「人力資源管理訪談提綱」包括8個因素，已經過嚴格的修訂驗證。因此，對「企業文化問卷」的22個項目進行分析。根據Cattell陡階檢驗法，採用VARIMAX轉軸法抽取4個因素，結果如**表一**。

表一　組織文化因素分析

項目	因素荷重	因素名	項目	因素荷重	因素名
績效考核	0.65	目標	技術開發程度	0.53	革新
參與的激勵	0.66	導向	開放性	0.53	導向
目標競爭方式	0.47		工作自由度數	0.79	
穩定性知覺	0.61		職工技能開發度	0.55	
目標完成與評估	0.47		市場開創性	0.62	
績效評估知覺	0.16			0.66	
工作規範性質	0.49				
考核方式	0.38				
支持性	0.75	支持	明確性規則	0.48	規則
進取性支持期望	0.61	導向	工作溝通原則	0.61	導向
支持的知覺	0.56		創新的規則	0.58	
支持發展的支持	0.52		制度規範性	0.70	
員工個人支持	0.67				

　　採用Cronbach內部一致性α係數檢驗問卷測量信度，得到如下結果：目標導向因素的α係數為0.77，革新導向因素α係數為0.81，支持導向因素α係數為0.65，規則導向因素α係數為0.69。因此，α係數均達到研究要求。組織績效部分由7個項目組成，因素分析獲得2個因素，第一因素內容包括市場擴展、盈利性、競爭力、投資規模等，命名為發展性績效；第二因素內容有員工完成工作情況、調離人數、工作態度等，可命名為激勵性績效。

表二　組織績效指標的因素分析

因素名稱	項目	因素荷重
發展性績效 ($\alpha = 0.89$)	市場擴展	0.85
	盈利性	0.75
	競爭力	0.81
	投資規模	0.74
激勵性績效 ($\alpha = 0.84$)	離職率	0.89
	工作完成情況	0.72
	工作滿意度	0.66

三、組織文化的特徵與人力資源管理的一般水平

本研究的結果表明（見**表三**），在組織文化中，革新導向、目標導向、支持導向和規則導向等四個因素都非常重要。其中，規則導向的平均數最高，說明嚴格的規章制度是組織中最為基本和重要的因素，也是企業組織正常運轉的基本保證。管理人員對組織文化支持導向的認識稍偏低，這也是現階段企業的具體情況決定的。**圖四**表示了組織文化四因素特徵的圖解。

表三　組織文化的四因素特徵

統計參數	組織文化的四因素			
	目標導向	革新導向	支持導向	規則導向
平均數(M)	3.70	3.82	3.36	3.87
標準差(SD)	0.62	0.66	0.43	0.48

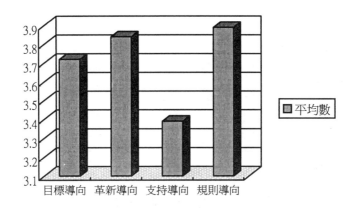

圖四　組織文化的四因素特徵

　　圖五表明人力資源管理的研究結果。可以看到，人員選拔配備、績效考核、獎勵報酬、質量管理等四方面的得分較高。企業普遍加強了解這些方面的管理：(1)員工素質的高低反映了企業發展的潛力，為企業的高速發展打好基礎；(2)績效考核反映了目標完成情況，使企業能清楚地把握發展速度，並做出相應調整；(3)員工的工作成績，要通過獎勵來肯定後才能提高工作士氣，發揮其創造性和主動性，從而獲得更大的利益；(4)產品質量則為企業生存之本，這一因素的平均數也是最高的。同時，員工培訓、職業發展與晉升、參與管理、目標管理等方面不足，這與社會環境、市場情況及組織體制等因素的影響有關。其中，參與管理的平均數較低，對培訓、職業發展和晉升重要性的認識不足，從一個側面反映出一些企業偏重眼前利益，忽視遠期投資的傾向。

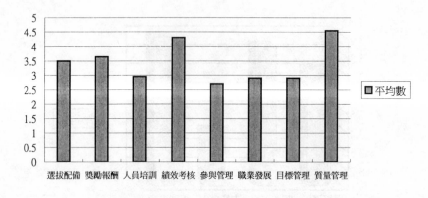

圖五　人力資源管理的一般水平

四、不同管理體制企業的組織文化與人力資源管理

不同管理體制企業的差異分析

　　本研究的分析結果顯示（**見表五**），不同管理體制的企業，在組織文化的目標導向、革新導向和支持導向等三個因素上有顯著性差異（F值分別為：$F = 10.17**$, $F = 8.14**$, $F = 6.23**$），而在規則導向上卻無差異（$F = 2.09$）。不同組織體制的企業，由於各自不同的發展過程和人力資源素質及組成結構，以及管理自主權範圍、產品結構、生產目的、資金額、企業規模等的差異，決定了他們在目標導向、革新導向、支持導向等組織文化因素上的差異。

　　同時，不同管理體制下的企業在人力資源管理諸因素上的差異檢驗表明，在人員選拔與配備、培訓、職業發展、參與管理等方面，四種管理體制的企業有顯著的差異；而在獎勵報酬、績效考核、質量管理、目標管理等方面則無顯著差異。

　　這四種企業的人力資源管理特點大致爲：

　　A.國有企業：國有企業由於發展歷史較長，管理體制全面，人員來源一般由勞動局統一安排和大專院校的分配，而培訓則視實際情況而定。在參與管理和職業發展上有比較穩定的程序。

　　B.鄉鎮企業：鄉鎮企業的人員來源於當地勞動力，且一般的集體企業技術基礎不紮實，因而較重視培訓，在參與管理和職業發展上，操作程序不夠完善。

　　C.私營企業：私營企業受到國有企業和集體企業的競爭，但在管理方面的自主權較大，因而在複雜的市場競爭中，對人員選拔和培訓有較大的靈活性，但在參與管理和職業發展與晉升方面較爲薄弱。

　　D.合資企業：合資企業憑藉自身的資金實力、開放思想觀念及管理自主權的優勢，在人員選拔、培訓等方面有自己的特色，在質量管理、職業發展上也形成了自己的獨特風格。

　　不同組織體制的企業在獎勵報酬、績效考核、質量管理、目標管理等方面無顯著差異，這從一個側面說明這四個方面是企業正常運轉的基礎條件和共同特點。

組織文化與人力資源管理的動態過程

組織文化對人力資源管理效應的分析表明了以下結果：

⑴組織文化對人員選拔的迴歸分析

表四是組織文化對人員選拔的迴歸分析結果。

表四　組織文化對人員選拔的迴歸分析

進入迴歸方程式的變量	β	t顯著性檢驗	複相關係數R＝0.57
革新導向	0.91	0.002	決定性係數R＝0.32
支持導向	0.35	0.05	顯著性檢驗F＝2.93*
常數　　4.42			

結果顯示，進入迴歸方程式的是革新導向和支持導向等兩個組織文化因素，其中，革新導向的β係數較高，對人員選拔與配置的影響最大；而支持導向對人員選拔和配置也有影響，

⑵組織文化對人員培訓的迴歸分析

表五是組織文化對人員培訓的迴歸分析結果。

表五　組織文化對人員培訓的迴歸分析

進入迴歸方程式的變量	β	t顯著性檢驗	複相關係數R＝0.57
目標導向	-0.74	0.007	決定性係數R＝0.32
規則導向	0.52	0.05	顯著性檢驗F＝2.97*
常數　　3.00			

　　結果顯示，進入迴歸方程式的目標導向和規則導向等兩個組織文化因素，令人感興趣是，目標導向對培訓的顯著負影響說明，企業的目標導向會影響培訓管理的規範化程度；規則導向則決定着培訓技能、培訓方式和培訓應達到的水平。

⑶組織文化對參與管理的迴歸分析

　　表六是組織文化對參與管理的迴歸分析結果

表六　　組織文化對參與管理的迴歸分析

進入迴歸方程的變量	β	t顯著性檢驗	複相關係數R＝0.65
目標導向	－0.80	0.002	決定性係數R＝0.42
常數	4.21		顯著性檢驗F＝4.54*

　　結果顯示，只有目標導向進入迴歸方程式，它對參與管理起了負作用。

⑷組織績效對革新導向與規則導向效應的迴歸分析

　　表七是組織績效對革新導向的迴歸分析結果。

表七　　組織績效對革新導向的迴歸分析

進入迴歸方程式的變量	β	t顯著性檢驗	複相關係數R＝0.87
發展性績效	0.50	0.032	決定性係數R＝0.76
常數	0.096		顯著性檢驗F＝42.83**

表八　組織績效對規則導向效應的迴歸分析

進入迴歸方程式的變量	β	t顯著性檢驗	複相關係數R＝0.65
激勵性績效	0.70	0.052	決定性係數R＝0.42
常數	2.20		顯著性檢驗F＝9.64*

　　表八是組織績效對規則導向效應的迴歸分析結果。

　　多元迴歸分析全面考察了各指標和有關效標的關係，進一步支持並說明了本研究的理論構思，從而為我們利用組織文化對人力資源進行有效的管理，並使企業的組織績效發生轉變提供了充分理論依據。同時，研究了績效對組織文化的反饋作用。

　　結果顯示，組織績效的發展性和激勵性績效這兩個因素，分別對組織文化的革新導向與規則導向有顯著效應，說明組織績效從另一角度對組織文化的保持和強化起着反饋作用。組織文化受到民族文化、政治經濟環境、技術因素等各種變量的影響，也受到組織中成員知覺的影響。通過對組織文化問卷的因素分析和一致性係數檢驗，發現四個因素和組織文化模型的四維度比較一致，說明中國企業的組織文化管理特徵與國外的組織文化特徵的一致性較高，Quinn的組織文化模型在中國企業可以推廣和接受。同時也要注意到，組織文化的四個因素綜合在一起，對人力資源的管理起作用，屬於一種整合的優化作用，而非單獨影響。

　　根據上述研究結果，可以得出**圖六**的因果關係模型。該模型表明：

　　1.組織文化影響人力資源管理，其中，目標導向對人員培訓和參與

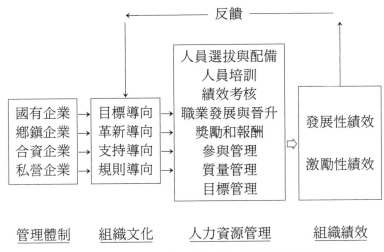

圖六　組織文化、人力資源管理與組織績效的影響模式

管理有顯著性關係，革新導向和支持導向對人員選拔配置有顯著影響，規則導向則影響人員培訓。

2.人力資源管理通過整合優化的功能對提高組織績效發生影響。

3.績效反饋影響着組織文化的更新。其中，發展性績效對革新導向有顯著性影響，激勵性績效與規則導向有較強的影響力。

五、合資企業管理決策特徵及效能分析

以「中外合資企業管理決策問卷」作為工具，對32家合資企業進行了管理決策效能評價，採用了**圖七**所示的「合資企業迴歸分析管理

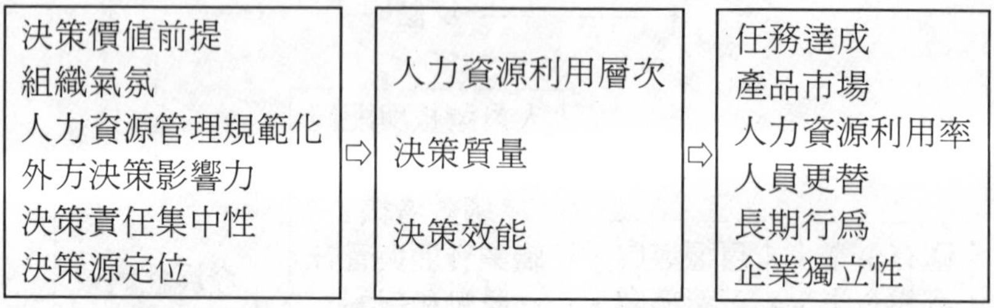

決策價值前提 組織氣氛 人力資源管理規範化 外方決策影響力 決策責任集中性 決策源定位	人力資源利用層次 決策質量 決策效能	任務達成 產品市場 人力資源利用率 人員更替 長期行為 企業獨立性

圖七　合資企業管理決策效能預測模型

決策效能預測模型」，包括預測因素（*價值前提、人力資源管理、組織氣氛、決策責任、決策源定位、外方影響力等*）、過程因素（*人力資源利用層次、決策質量、決策效能等*）和效標因素（*人力資源利用率、任務達成、產品市場、人員更替等*）等三個部分（*王重鳴，1994；王重鳴、沈劍平，1990*）。

從三個分量表的調查結果來看，目前，合資企業的總體情況為中等偏上。在效標因素（*人力資源利用率、任務達成、產品市場、人員更替等*）的四個指標上發現，以合資企業獨立性得分最高，企業的經營活動基本上是由合資企業自身控制，市場與產品狀況是效標中得分最低，但各效標因素值均在3-4之間。過程因素的結果表明，合資企業在人力資源利用、決策質量、決策效能三方面處於中等以上的水平。但是，管理決策效能指標的得分是三個過程指標中最低的，從預測因素來看，價值前提、組織氣氛、決策責任集中性為較好水平，人力資源利用中偏上，但外方影響力較小，決策源定位於高層行政領導（總經理）一級。以5種效標分別作為效益好壞的標準，以比較得分高低分

為兩類企業，其結果如下：

⑴**人力資源利用率高與低的兩類企業**

　　調查結果如**圖八**所示，在幾乎所有的過程指標和預測指標上，人力資源利用率高的企業都比人力資源利用率低的企業高。在過程指標中，人力資源利用層次指標上有顯著的差異；在預測指標中，價值前提、人力資源管理、組織氣氛等三者上有顯著差異。這說明，人力資源利用率的高低，很大程度上取決於中層管理部門人力資源利用的層次水平，即在參與、人職匹配、領導行為等三方面的表現，而這種人力資源利用層次水平的發揮，又與一個企業高層領導管理決策的價值前提、人力資源管理的規範化和組織氣氛有十分密切的關係。

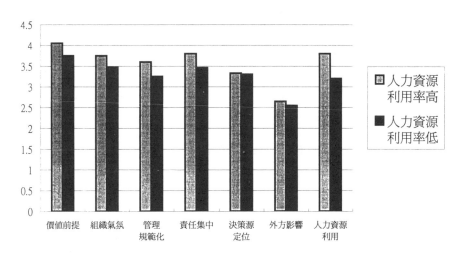

圖八　人力資源利用率高低兩類企業在預測指標上的比較

⑵任務達成的好與差的兩類企業

　　除決策源定位與外方影響力等兩個指標接近以外，在其它各過程指標和預測指標上，兩類企業的界線還是很分明的。過程指標中，決策效能上兩類企業有顯著差異；預測指標中，在組織氣氛與人力資源管理上表現出顯著差異。這說明，任務達成的好差與決策效能（即決策的執行貫徹情況、決策後職工的滿意感、積極性）有關；在預測指標上，組織氣氛和人力資源管理關係最爲密切。

⑶不同類型的合資企業比較

A.中方主管型與外方主管型的合資企業

　　我們將中方管理人員、外方管理人員分別擔任總經理的合資企業分成兩類進行比較，結果發現，中方主管與外方主管的合資企業在大多數績效指標上沒有太大差異，只是中方主管的獨立性強一些；而外方主管型則在人力資源利用方面更強一些。在過程指標上（人力資源利用層次、決策質量、決策效能等），外方主管型企業得分均高於中方主管型。在預測指標上，外方主管型的合資企業在決策源定位上顯著低於中方主管型，即傾向於參與管理；在外方影響力上則顯著大於中方主管型的合資企業。

B.日本、港資、台資和歐美的合資伙伴比較

　　本研究表明，相對而言，人力資源利用率以港、台資合資企業最低，歐美、日資企業則差不多；在任務達成上，以日資企業最好，而港、台、歐美合資企業相似；產品與市場也是日資企業、歐美企業爲好；企業獨立性以日資企業和港、台資企業爲大。調查結果還顯示出

日資企業管理的完善性，特別是決策效能遠高於歐美、港、台資企業；管理效能的順序仍舊是日資、歐美、港、台資企業。此外，日資企業在價值前提、組織氣氛、人力資源管理、責任集中性等四個指標優於台資合資企業，外方影響力高於台資合資企業，只是決策源定位不如台資合資企業低。

從整個研究的結果來看，在合資企業中着重加強人力資源管理規範化、增加外方影響力、降低決策重心、抓決策效能等顯得格外重要。正如我們在模型中揭示的，組織文化與人力資源管理之間存在密切關係。除大力開拓市場、增強產品競爭力，提高決策科學等手段外，要從管理上加強考核、培訓、制度等的完善性以提高人力資源管理規範化，同時，加強外方在管理決策上的參與、降低決策源定位。可以看到，不同投資國別或地區的合資企業應有側重地加強某一方面的管理，日資企業在組織氣氛、決策責任的集中性上相對好一些，但在考核、培訓、制度化等方面還可以加強。台資企業的外方熟悉中國文化，有「人和」之便。台資企業可以通過加強和改善組織氣氛、提高人力資源管理規範化程度、降低決策重心為重點，以期在各方面有全面的進展。這也是改善台資企業外派經理人員的適應問題的有效途徑。歐美企業外方影響力高，決策質量高，但文化差異大，價值前提不一致，往往帶來決策效能（*特別是決策的貫徹、執行*）較低、人力資源利用層次低，加強決策參與則是改善歐美合資企業管理效能的良好途徑。

王重鳴（1988, 1994）通過對合資企業人力資源管理診斷與決策效能預測，提出完善合資企業管理效能的有效策略（*參與策略、技能策*

略、系統策略），在本研究的基礎上，根據不同類型企業的特點和存在問題，有針對地運用相應的優化策略，可以顯著增強合資企業的發展潛力和管理效能，不斷適應新的市場需要和競爭。

參考文獻

王重鳴（1988）：《勞動人事心理學》，浙江教育出版社。

王重鳴、沈劍平（1990）：〈中外合資企業管理決策特徵與評估指標〉，《應用心理學》，第4期。

王重鳴（1994）：〈中外合資企業人力資源管理診斷與決策效能預測〉，《東亞企業經營》，原口俊道等主編，第4章，第26-35頁。

盧盛忠（1992）：《組織行為學》，浙江教育出版社。

Deal, T. E. & Kennedy, A. A. (1982). *Corporate culture: The rites and symbols of corporate life*, Reading, MA: Addison-Wiley.

Guinn, R. E. (1988). *Beyond rational management: Mastering the paradoxes and competing demands of hogh performance*, San Francisco: Jossey-Bass Publishers.

Hofsted, G. (1980). *Culture's consequences: International differences in work-releated values*, Beverly Hill: Sage

Ott, J. S. (1989). *The Organizational culture perspective*, Pacific Grove, CA: Brookks/Cole.

Ouchi, W. G. (1981). *Theory Z*, Reading, MA: Addison-Wesley.

Pascale, R. T. & Athos, A. G. (1981). *The art of Japanese management: Applications for American executives*. New York: Warner.

Schein, E. H. (1985). *Organizational culture*, San Francisco: Jossey-Bass Publishers.

Schneider, B. (1990). *Organizational climate and culture*, San Francisco: Jossey-Bass Publishers.

Stewart, S. & Campbell, N. (1994). *Advances in Chinese industrial studies: Joint-ventures in the People's Republic of China*, Greenwich, Connecticut: JAI Press Ince.

Wang Z. M. (1992). Managerial psychological strategies for Sino-foreign joint-ventures, *Journal of Managerial Psychology*, Vol.7, No.3, 10-16.

Wang Z. M. (1993). Cultures, economic reform and the role of industrial/organizational psychology in China. In M. D. Dunnette & L. M. Hough (Eds), *Handbook of industrial and organizational psychology*, second edition, pp. 689-726, Consulting Psychologists Press, Inc.

Wang, Z. M., Pan, Y. P. (1992). Management of the joint venture firms in China and the design of psychological countermeasures, *The Japanese Journal of Administratvie Behavior*, Vol.7, No. 1, 41-46.

Wang, Z. M., Satow, T. (1994a). The effects of structural and organizational factors on socio-psychological orientation in joint ventures, *Journal of Managerial Psychology*, special Issue: Managing Chinese-

Japanese Joint Ventures, Vol. 9, No. 4, 22-30.

Wang, Z. M., Satow, T. (1994b). Leadership styles and organizational effetiveness in Chinese-Japanese joint ventures, *Journal of Managerial Psychology*, special Issue: Managing Chinese-Japanese Joint Ventures, Vol.9, No. 4, 31-36.

華人企業跨文化訓練的芻議

戚樹誠

台灣大學工商管理學系暨商學研究所

〈摘要〉

　　在邁向二十一世紀之際，華人企業必須建立一套完善的跨文化訓練計畫。目前而言，台灣的企業對於跨國經理人的訓練，多半以既有的專業訓練課程輔以外語能力訓練。這樣的訓練設計將無法滿足未來的跨文化人才需求，華人企業似乎需要引入各種跨文化訓練計畫。由於華人社會具有與西方迥然不同的歷史文化背景，因此，如何站在華人的觀點一方面能夠自省文化的特質卻又同時欣賞而非排拒其他文化，將是訓練設計中的主要課題之一。本文中，作者將回顧目前的相關文獻，說明跨文化訓練的意義、訓練目標、及訓練設計的理論與實務。作者將就上述內涵予以檢討，藉以思索華人企業跨文化訓練的方向。作者認為，華人企業需要擬定出適合華人經理人的訓練教材，並發展出合宜的訓練工具。具體訓練課程可以採用跨文化個案，並以研討方式進行。尤其，訓練課程內容若能納入華人文化與其他文化（如：西方文化）差異的討論，將會有助於提昇華人經理人的跨國任務效能。

壹、前言

　　西方管理學者在近年來相當重視跨文化訓練的討論（如：Landis & Brislin, 1983；Landis & Bhagat, 1996）。此一趨勢的近因受到全球經貿的自由化、蘇聯的解體、中國大陸的改革開放等因素的影響。在面對日益頻繁的跨文化互動上，華人企業經理人需要面對多元文化的挑戰。然而，受限於過去的管理訓練，華人經理人往往在跨文化溝通上顯得力不從心。如何培養企業經理人具有卓越的跨文化適能（intercultural competence）便是刻不容緩的。

　　跨文化訓練（cross-cultural training）作為一個專業領域，可以說是相當晚近的。美國跨文化訓練的源起可溯自二次大戰時對於國際事務人才的培訓。戰後美國為重建國際關係，於1946年成立了國外服務處（Foreign Service Institute, FSI），作為培訓外事人員的機構。基本上，FSI 的訓練包含了語言與非語言兩種，主要的訓練目的在於幫助受訓者了解並適應文化差異下的互動問題。較具規模且影響較深的訓練計畫始至美國和平工作團（U.S. Peace Corps）。在1960年代，美國和平工作團採用了所謂的「大學模式」（University Model），強調認知導向的傳統教學法，試圖幫助學員在知識上對他國文化有較深入的瞭解。不過，由於此種訓練法忽略了跨文化溝通與適應所需要的技能，而僅僅重視特定文化知識的傳授，以至於對其日後的跨文化任務成效助益有

限。

　　到了七〇年代，由於人際關係運動的蓬勃發展，以經驗式、參與式的學習方式蔚爲主流。當時，許多訓練採用了「人際關係敏感度模式」（The Human Relations Sensitivity Model）。這種著重經驗的學習方式主要在幫助學員能夠自我成長，而不只是獲得知識。對於受訓者而言，他們在訓練中所要面對的包括：自己的態度、觀念及價值觀、他人的態度、觀念及價值觀。不過，Hoopes（1979）指出，此種方式當時在跨文化訓練上並不成功。主要的原因是它過份強調跨文化衝突與壓力，以至於受訓者產生相當大的挫折感與抗拒心。不但如此，那時的訓練者對於如何有效幫助學員，也欠缺足夠的技能。八〇年代以後，由於訓練方法漸趨成熟，許多跨文化訓練法也應運而生。同時，相關的研究及理論模型也較爲完整，跨文化訓練漸漸發展成爲一門較具規模的管理應用領域。

　　以上，簡單的介紹了西方文獻中跨文化訓練的沿革。對於華人企業而言，有效的跨文化訓練將可以直接提昇企業的全球競爭力與企業效能。不過，如何設計適合華人企業經理人的跨文化訓練便是一項重要課題。本文的目的有二：其一，作者將回顧目前的文獻，說明跨文化訓練的意義、訓練目標、訓練設計的理論與實務；其二，作者將就上述內涵予以檢討，藉以思索華人企業跨文化訓練的方向。

貳、管理者的跨文化技能

　　企業經理人每天必須處理各種不同的事務，解決諸多管理問題。Mintzberg（1973）的研究指出，管理者具有至少十種組織角色：頭腦人物（figurehead）、領導者（leadership）、連絡者（liason）、監聽者（monitor）、傳播者（disseminator）、發言者（spokesperson）、興業家（entrepreneur）、危機處理者（disturbance handlers）、資源分配者（resource allocator）、談判者（negotiator）。這十種角色可以歸納爲三類：人際角色、資訊角色、決策角色。換言之，企業經理人必須成功的處理人際問題、建立人際網絡，有效接收與傳遞訊息並且作成決策。因此，管理者需要優越的技術能力，來處理工作上的問題。豐富的技術知識與能力有助於激發具有創意的想法、生產流程的改善、以及達成有效的策略計畫。同時，在人際能力方面，管理者與部屬、主管、同事、顧客間能否建立合作、互信的關係是非常重要的。管理者時常需要解決人際衝突，並且在面對員工士氣低落、組織承諾感下降的情況，管理者必須發揮有效的溝通及人際能力。另外，管理者也必須具備概念化能力。Bass（1990）的研究發現，高階主管的概念化能力與其經營績效呈正相關。管理者若是具有高認知複雜度（cognitive complexity），往往能夠從多種角度觀察並且辨別繁瑣的事物。

　　跨國任務帶給企業經理人高度的挑戰性。經理人面臨到的是各種

跨文化溝通與協調事宜，而且受限於資源與時效性，跨國經理人必須具有明確的決斷力來處理跨國事務。Fontaine（1996）歸納出跨國任務的特性包括：跨國經理人面對人的差異、地點的差異、時間的久暫、溝通的差異、結構性的差異、支持的差異等。這些差異帶給跨國經理人相當大的挑戰。Kealey（1996）指出，從事跨國事務應具備三類技能：適應技能（adaptation skills）、跨文化技能（cross-cultural skills）、合作技能（collaboration skills）。適應技能是指跨國經理人在海外工作時處理有關於自己、家庭、和婚姻等問題與生活適應的能力。跨國任務經常是充滿不確定性，因此，能夠適當的回應環境是成功調適所必備的條件。其次，跨文化技能是指跨國經理人能夠突破文化障礙，瞭解並容忍地主國（host country）的文化價值，對於異國文化具有興趣，能夠與當地人交朋友，從而建立有效的工作關係。一個成功的跨文化工作者必須能夠去體會他人的感受，認知文化間的異同，瞭解他國社會及文化現象如何影響工作態度及個人與組織的運作。最後，合作技能是指與工作夥伴間建立有效的合作關係。工作上互相學習與支持需要各方投入時間、信念及技能。因此，如何化解由於不同文化所產生的隔離感與不信任感是相當重要的。

　　無論是適應技能、跨文化技能或是合作技能方面，均牽涉到跨國經理人在面對文化交會（culture clash）時能否調適的問題。跨國經理人帶著本身文化的價值觀、思考與行為模式來到另一文化中，與該文化的成員的價值觀、思考與行為模式之間有所不同。而這些不同點使得當事者所面對的任務環境益形複雜。以下，在我們探討跨文化接觸

（cross-culture encounter）的相關理論之前，讓我們先說明文化的涵義。

　　文化是一個相當複雜的概念，人類學者對於文化的定義也各有不同。學者Kroeber與Kluckhohn（1952）指出，文化包含了型式（patterns）外顯及隱含的行為，並以符號傳遞；文化組成了團體的獨特成就，包括人造品（artifact）的體現；文化的精髓涵蓋傳統的（如歷史衍生的或選取的）想法及所賦予的價值。因此，文化系統不僅是行動的產物，也同時是未來行動的制約要素。Kluckhohn與Strodtbeck（1961）提出了描述文化導向的不同構面，這六項構面分別回答了下列問題：我是誰？我如何看這個世界？我如何與他人有關連？我在做什麼？我如何使用時間？我如何使用空間？而這些問題的答案則各自代表了不同的價值體系、態度及行為意涵。換言之，不同文化的成員對於自己、世界、與他人的關係、行動、時間、空間的想法是不同的。Hofstede（1980）則將文化視為一種「集體的心智程式」（the collective programming of the mind）。他認為，一個文化具有互動的共通特性，這些特性影響該文化成員回應環境的方式。因此，也就反映出不同文化間的差異性。在文化成員的成長過程中，經由社會化歷程（socialization），型塑其對於外在環境的回應方式。

　　跨國經理人所面對的「跨文化」問題正是指相異文化的交會下，帶給他本人的態度或是行為改變。在心理學的層面上，不同文化接觸也會使得個人在認知、情感及行為上有所改變。早期有關於跨文化接觸的理論中，Oberg（1960）的「文化衝擊」（culture shock）概念相當

受到重視。大致而言，Oberg是以臨床的觀點解釋跨文化轉換過程時當事者的內心狀態。他認爲這種經驗多半是混雜沮喪、焦慮與怨恨的成份，而且伴隨著絕望、思鄉、及失序。換言之，Oberg的理論較強調文化衝擊的徵兆及病徵。另一種解釋是所謂的「壓力調適說」（stress and coping perspectives）。「壓力調適說」指出，跨文化接觸使得一個人的工作與生活產生改變並帶來壓力，而這種壓力引發了不均衡狀態並且需要調適。當事者對於壓力的反應又會受到其人生改變的頻率、時間長短、以及個人或情境因素所影響。成功的調適往往取決於個人對於改變的評估、社會支持、人格特質等因素。

晚近的社會學習理論（Social Learning Theory）則強調如何學習具備跨文化的正確技能。Argyle（1969）指出，練習、回饋、示範及誘導均可以說是跨文化學習過程中的重要成份。在社會學習的理論中，經驗及訓練均有助於跨文化技能的取得。另外，社會認知理論（Social Cognition Theory）則是強調跨文化經驗的認知面，如信念、價值觀、態度及基模（schema）等。也就是，跨文化接觸有可能改變當事者的認知，進而有助其調適。Ward（1996）提出一套跨文化涵化模型來解釋跨文化接觸的過程。他認爲，跨文化接觸會產生當事者的心理壓力並察覺自己的跨文化的技能不足，並且有所回應。不過，回應與調適會受到個人特性及情境特性的模適效果（moderating effect）。某些跨國經理人或許比較能夠成功地培養出跨文化適能，另一些則可能進展有限。

參、跨文化訓練的理論與實務

當前的訓練需求：以台灣為例

　　Naisbitt（1994）預測，亞太地區將成為廿一世紀世界經濟的重心。華人企業在面對全球化的趨勢下，必須發展出一套跨國人力資源系統。Adler與Bartholomew（1992）認為，相對於傳統的國際經理人（international managers），優秀的超國界經理人（transnational managers）需要能夠適應多元文化、與不同文化的人一同工作和學習、並創造文化上相容的組織環境。然而，以台灣企業為例，經理人所受過的跨文化訓練似乎相當有限，他們所具備的跨文化技能亦相當不足。作者的研究顯示（戚樹誠，民85），在台灣的151家大型企業中，只有26家提供跨國經理人跨文化訓練，34家提供環境適應訓練。該資料同時顯示，台灣的企業較重視派外人員的外語及專業訓練，至於分析能力、跨文化、自我管理及環境適應等方面的訓練則較少提供。另外，受訪企業表示，派外人員在海外最常遇到的問題依序為：家庭問題、生活問題、文化問題、語言問題、工作問題及法律問題。若是與前述結果相對照可以發現，派外訓練較為缺乏的項目（如環境適應訓練、跨文化訓練）通常也是派外期間較為容易遇到的問題（如生活及文化問題）；反之，由於外語及專業訓練較為足夠，派外人員較不會因為語

言或工作技術感到困擾。

訓練目標

　　跨文化訓練的主要目的在於幫助一個不瞭解另一文化的受訓者成為熟練的跨文化工作者。在探討「跨文化訓練」的意義之前，我們先簡要說明「訓練」的意義。所謂「訓練」基本上是一種學習過程，透過訓練企業員工可以演練其思考或行為，發展合適的習慣、技能、知識和態度。研究指出，有效的訓練可以提高員工的工作效能，養成其工作適能（Goldstein, 1980）。廣義的跨文化訓練旨在幫助受訓者調適新的文化環境、有效與不同文化成員進行互動、甚至對不同文化成員提供諮商（Gudyknst *et al.*, 1996）。不同於一般的訓練計畫，企業在設計跨文化訓練時，時常伴隨特定的任務目標。例如：特定的跨國任務指派、特定的文化對象等。因此，在設計跨文化訓練計畫時，往往需要考慮何種訓練技術能夠有效達成該項特定的訓練目標。大致而言，跨文化訓練希望獲致下列三種目的：認知的、情感的與行為的。在認知上，跨文化訓練是要幫助受訓者認識異國文化，並同時察覺本身可能存在的刻板印象，進而瞭解自己的態度如何會影響他們與其他文化成員的互動。其次，情感上，跨文化訓練試圖幫助受訓者有效管理他們與其他文化人士互動時的情緒反應。再其次，行為上，跨文化訓練在於幫助受訓者具備與其他文化人士互動時具備有效的行為技能。

　　至於跨文化訓練如何能以獲致訓練成效？跨文化訓練與學習效果

之關聯性又為何？學者Bhawuk 與 Brislin（1992）的研究顯示，人們即使未經任何訓練，待在另一文化兩年以上也會自行發展跨文化敏感度。那麼，跨文化訓練的意義與價值何在？吾人是否仍有必要進行跨文化訓練？借用Anderson（1990）的認知學習三階段理論，Bhawuk 與 Triandis（1996）指出，一位經過簡單的跨文化訓練的受訓者和一位有短暫跨文化經驗的人均可以稱為跨文化互動的「新手」（novices）。此二人雖然具有某些跨文化技能，但是卻仍停留在初始階段的學習歷程。若是這些新手能夠有意義地建立一套理論來解釋文化差異現象，那麼這些新手便可以成為具備文化理論的跨文化「專家」（experts）。Bhawuk與Triandis（1996）認為，第二階段學習的達成必須有賴以理論為基礎的跨文化訓練。進一步而言，如果這些跨文化專家能夠不僅掌握理論知識，更可以自發性執行任務，那麼他們便可以稱為跨文化「晉階專家」（advanced experts）。也就是，在理論基礎訓練之後，若是能夠輔以行為模仿訓練（Behavioral Modeling Training），將能夠幫助這些跨文化「專家」成為「晉階專家」。綜言之，上述的三階段模型解釋跨文化訓練的訓練成效如下：透過使用文化理論，跨文化訓練可以幫助受訓者成為「專家」。若是不使用文化理論，那麼跨文化訓練僅僅會讓受訓者停留在跨文化的「新手」。使用文化理論後，若輔以行為訓練，讓受訓者充分練習合宜的跨文化行為使之成為自發性，結果將可以幫助受訓者成為跨文化的「晉階專家」。（**圖一**）

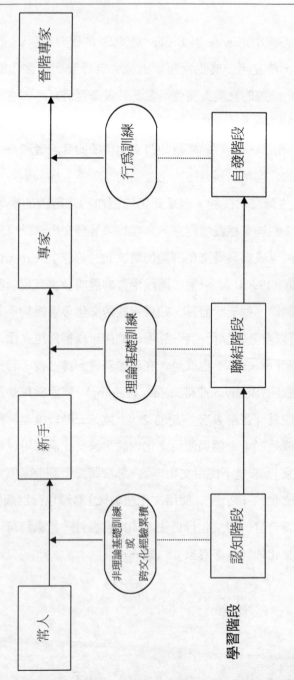

圖一　跨文化專家的模型發展

引自 Bhawuk & Triandis(1996), "The role of culture theory in the study of culture and intercultural training", In D. Landis & R. S. Bhagat(Eds.), *Handbook of Intercultural Training*, 2nd ed., p.20

訓練計畫的設計

　　訓練計畫的良窳是跨文化訓練成敗的關鍵。Black　與　Gregersen（1991）的研究發現，美國企業派駐日本、韓國、香港及台灣的經理人中只有25％受過行前訓練，而這些訓練多半很短（幾小時左右），且行前訓練與派外調適間不存在相關性。Kealey（1996）亦指出，美國企業派外人員的失敗率為15％至40％。並且，派駐人員中有半數以上績效不佳，許多派外人員在技術上雖是適任的卻缺乏有效的跨文化技能。這些現象均顯示跨文化訓練計畫的設計是非常重要的。不過，要設計一套符合公司需要的訓練計畫必須考慮很多因素，如：企業的政策、決策高層支持的程度、可用資源的多寡等。另外，企業所處的產業特性以及當時所處的生命成長週期都會影響訓練計畫的採行與否。

　　現有的跨文化訓練技術包括：課堂講授、語言訓練、角色扮演、跨文化個案法等。前面我們提過，早期的跨文化訓練便是採用課堂講授的方式。基本上，這種訓練方法是希望讓受訓者明瞭各種文化的特性。透過文化異同的溝通與討論，使得學員能夠瞭解其他文化成員的思考方式與行為，並且，進而改變學員原本的種族中心（ethnocentric）的心態。其次，許多跨文化訓練是以語言訓練為重點。透過他國語言的學習進而教授學員關於該文化的風俗習尚、行為與態度等。尤其，語言可以拉近人與人的距離。若是受訓者能夠熟悉他國的語言，將可以展現出對他國文化的興趣及熱誠。另外，角色扮演是讓受訓者分別飾演不同角色，按照訓練課程的指示，各個學員實際扮演特定文化下

的行為，藉以培養其跨文化互動的技巧與行為。情境模擬（simulations）則是根據跨文化情境設計出一系列角色，由受訓者演練跨文化互動情形。透過活動的參與，讓受訓者有機會實際體會到文化的要素與假設。不過，由於文化涉及的層面甚廣，使用這兩種方法存在相當的困難度。如何讓學員能夠順利進入角色之中，是需要審慎加以設計的。

　　Gudykunst 與Hammer（1983）將上述跨文化訓練技術以兩種特性予以分類：訓練所採用的方式（教導式的或是經驗式的）、訓練的內容（一般的或是特定文化的）。教導式跨文化訓練的主要假設是，受訓者的文化認知直接有助於與異文化成員有效互動。其訓練方式乃是透過課堂講授或是課堂討論幫助學員了解文化的異同。另一方面，經驗式的跨文化訓練的假設則是，受訓者的最佳學習效果來自於親身的經驗。因此，訓練的方式涉及使用某些活動（如角色扮演），讓學員能夠演練未來可能面對的跨文化情境，從而達到有效的學習。至於訓練的內容可以是有關於某一特定文化的講授或活動演練，或是一般性的而非探討特定文化的訓練內容。相較於特定文化方面的教導，一般性的跨文化訓練著眼於培養學員的文化覺知（cultural awareness）與文化敏感度（cultural sensitivity）。近年來，Brislin以及幾位相關學者發展出一系列跨文化個案（cultural assimilators或稱cultural sensitizers）作為訓練教材，以下，我們將說明企業如何使用跨文化個案進行跨文化訓練。

跨文化個案的使用

(一)使用目的

　　跨文化個案的設計基本上採用關鍵事件法（critical　incident approach）。此一方法的進行大致如下，訓練者在訓練課程中閱讀跨文化個案，個案內容描述某一跨文化接觸的情境。個案事件明顯存在著不同文化的交會所產生的問題情境，而攸關的各方均無法順利達成工作任務。個案的討論過程會引起學員們對情境意義的不同認知與解讀。個案的最後則是提供一些可能的解答，受訓者需要以當事者的角度選擇一項最符合的解答。採用跨文化個案之訓練課程往往會要求受訓者閱讀並討論至少20個案例。

(二)形式

　　跨文化個案有兩種形式：一種是針對特定文化設計的，稱之為「特定文化個案」（culture-specific assimilators）；另一種則是針對一般性的跨文化情境而設計的，稱之為「一般文化個案」（culture-general assimilators）。特定文化個案的好處在於它能夠幫助受訓者瞭解他們將要面對的文化的各種特質。不過，若是受訓者未來所要接觸的文化情境尚未確定時，特定文化個案將無法派上用場。因此，一般文化個案的使用時機較為廣泛。Brislin（1981）指出，在跨文化經驗上，許多人所遇到的問題是相當雷同的。在此前提下，一般文化個案的發展便格外受到重視，這樣的訓練方式較可以培養受訓者預備處理任何可能發

生的跨文化狀況。

(三)原理

　　目前為止，相關的文獻多數證實使用跨文化個案法的訓練效度（見Cushner 與 Landis（1996）的討論），至於此一訓練方式如何獲致成效則仍然是值得探討的。一種可能的解釋是，跨文化個案法能夠事前降低受訓者未來在跨國任務上，對另一文化的誤解與溝通不良的機率，使得受訓者能夠以該文化的觀點進行同形歸因（isomorphic attribution）。Brislin *et al.*（1983）指出，受訓者若是能夠透過訓練建立認知腳本（cognitive script）並且充分加以演練，訓練成效較可能達成。他們稱之為「行為訓練演練法」（behavior training rehearsal）。換言之，受訓者在面對不確定情境之前，若是能夠先行思考可能的問題，甚至備妥行為腹案，他的焦慮將大為減低。

(四)訓練成效

　　最後，跨文化訓練是否有效必須透過客觀的訓練評估與衡鑑。Cushner與Landis（1996）整理了有關於特定文化個案及一般文化個案的相關研究後指出，使用跨文化個案法至少包括六項優點：(1)對地主國人士有較深的瞭解，(2)受訓者的負面刻板印象降低，(3)對於對方文化採取同形歸因與複雜思考，(4)受訓者與其他文化成員互動時心理感受較佳，(5)在異文化環境下適應較好，(6)工作績效受到文化影響的部份獲得改善。Harrison（1992）針對跨文化個案法與行為修正法進行比較。他的研究試圖探討日本員工與美國員工在衝突規避與和諧，以及集體

傾向的差異。研究結果顯示，兩種方法合併使用所得到的學習效果較個別使用爲佳。接下來，作者將綜合討論華人企業在跨文化訓練上所面臨的問題以及可以採行的方向。

肆、華人企業的跨文化訓練

一、理論導引的訓練設計

心理學家Kurt Lewin 曾說「沒有比一個好的理論更實務的。」（There is nothing so practical as a good theory）或許對於某些實務工作者而言較難看出理論的優點，不過，不容置疑的，許多管理問題的解決仰賴理論的導引而獲致成效。在跨文化訓練方面，如何選擇合適的理論作爲訓練的基礎是相當困難的。茲分爲本土文化理論與西方文化理論來討論。

(一)本土文化理論

近年來，部份華人心理學者極力主張華人本土心理學的深化必須將文化/社會/歷史放入思考架構中（如楊中芳，民85）。他們對於移植西方理論來解釋中國人的思考與行爲基本上是存疑的。如果以同樣的邏輯來探討華人經理人如何經由跨文化訓練來瞭解其他文化，華人經理人似乎也必須以對方的文化/社會/歷史思維系統來瞭解對方始能奏

效。也就是，必須訓練他們以美國人的文化/社會/歷史來思索與美國人互動的可能問題，以印度人的文化/社會/歷史來思索與印度人互動的可能問題。在跨文化理論研究的文獻中，這樣的觀點屬於所謂「emic」的形式（Berry,1990）。這種形式不是從比較文化出發的化約主義（reductionism），而是重視一個現象的單一例證（「emic」的意思是強調以現象本身擁有的語言及架構來瞭解單一文化團體或國家）。

(二)西方文化理論

其次，我們也可以西方文化理論來幫助華人經理人瞭解不同文化的異同。談到不同文化間的比較，三個構面經常被討論：傳統主義與現代主義，特殊主義與普遍主義，以及實用主義與理想主義（Inkeles, 1996）。傳統主義強調家庭、階級、真理、對歷史的敬重以及地位；現代主義則強調榮譽、理性以及進步。特殊主義者的價值導向著重於情誼的制度化義務，然而普遍主義者的價值導向則是將制度化義務推廣至社會的普遍性原則而較少著重在個別的人際考量上（Parsons & Shils, 1959）。另外，實用主義者通常是找尋何者有效，而理想主義者則是找尋真理（England, 1967）。探討文化差異的實證研究中，較著名的是Hofstede（1980）對於IBM員工的研究。他的研究界定了四個型態的文化構面：權力距離（power distance）、不確定性規避（uncertainty avoidance）、個人主義與集體主義（individualism vs. collectivism）、男性傾向與女性傾向（masculinity vs. femininity）。在其較晚近的書中，Hofstede（1991）列出第五個構面：儒家動力（Confucian dynamism）。

他認為，這些文化差異不但存在於與工作有關的價值觀也同時存在於一般性的文化價值觀。

採用西方文化理論進行跨文化訓練的優點是，它可以幫助學員對於不同文化加以比對，發掘其間的差異。這樣的作法在跨文化研究上屬於所謂「etics」的形式。不過，由於不同概念（如集體主義）在不同文化系統的意義可能很不相同，使用某一個文化系統下的定義來強加於另一文化系統是存在問題的。所以，較理想的作法是，在跨文化訓練中討論到某一概念時，先澄清此一概念在不同文化系統的涵義，然後再將定義相同之處予以抽離並討論（Bhawuk & Triandis,1996）。換句話說，在跨文化訓練中我們可以同時討論文化現象中的特殊性（即「emics」部份），然後就不同文化間之同一現象加以比對（即「etics」部份）。

基於以上的討論，華人企業跨文化訓練的設計不妨採用國內外文獻中已有的文化理論作為起點。有關本土文獻方面，目前的研究如：中國人的「孝道」觀念（Hsu,1971）、「緣」與「報」（Yang,1957）、「人情」與「面子」（Ho,1976; Bond & Lee,1981）、「社會取向的成就動機」（楊國樞，1978）等主題均可以納入跨文化訓練課程的設計中。西方文獻方面，Triandis *et al.*（1988）的Individualism-Collectivism理論、Hofstede（1980, 1991）的比較文化理論則均是可以採用的素材。就訓練教材來說，若是能夠針對華人經理人之特殊性著手，編製出容易上手的跨文化訓練手冊，受訓者將較容易學習與吸收，學習效果將可能較佳。因此，如何從現有理論發展出具體實用的訓練計畫是亟待努力

的方向。

二、明確的訓練目標

　　華人企業的跨文化訓練必須界定明確的訓練目標。也就是，我們要思索的問題是：到底華人企業從事跨文化訓練的目的何在？是要提供經理人特定的文化知識？是要培養他們的文化敏感度？是要培養他們在他國文化的適應力？或是要提高他們在跨文化事務上的某些技能？根據前面的討論，華人企業在跨文化訓練上，至少必須包括認知、情感、以及行為三方向的訓練目的。在認知上，跨文化訓練應該幫助華人經理人更清楚華人文化與其他文化的異同，並且讓他們瞭解不同文化的價值觀如何影響人們的態度與行為表現。尤其，跨文化訓練必須幫助受訓者發覺他們原本具有的刻板印象。一項早先的的研究顯示，台灣學生對於其他文化存在刻板印象（黃國隆，民72）。如何改變這些刻板印象或許是跨文化訓練所需要面對的。其次，跨文化訓練亦須幫助華人經理人在情感上更成熟處理跨文化互動的情緒反應。吳宗佑（民84）的研究顯示，台灣的員工在組織中常採用非正式化的社會化媒介（同僚、上司與資深同事）宣洩情緒。這些「情緒規則」與西方社會中較常見到的理性法則並不相同。華人企業的跨文化訓練可以誘導華人經理人在跨文化情境下成熟處理個人的情感反應。最後，有效的跨文化訓練必須能夠幫助華人經理人培養跨文化互動的技能。目前而言，台灣的派外經理人在與其他文化人士的溝通互動上仍然有待改進。因此，跨文化適能的提昇應是華人企業跨文化訓練的一項重要

目標。

　　跨文化適能是卓越的跨國經理人所應具備的。Ruben（1976）主張以跨文化互動的實際行為來界定跨文化接觸的成功因素。也就是，一個在認知上熟悉跨文化技能的跨國經理人未必能夠展現一致的行動。Ruben指出跨文化溝通適能（intercultural communication competence）包括七個構面：展現尊重（display of respect）、互動態勢（interaction posture）、知識導向（orientation to knowledge）、同理心（empathy）、自我導向的角色行為（self-oriented role behavior）、互動管理（interaction management）、含混容忍度（tolerance of ambiguity）等。我們如果採用Ruben的觀點，訂定出華人企業跨文化訓練的具體訓練目標，將包括下列七項：

1. 培養華人經理人對其他文化成員的尊重，使對方感受到自尊與地位。
2. 培養華人經理人對其他文化成員的回應以描述性、非評估性與非評斷性的互動方式。
3. 讓華人經理人瞭解到不同文化成員有其個別的信念、價值與知覺。也就是瞭解到「知識」往往是因文化而不同的。
4. 培養華人經理人的同理心，能夠為其他文化成員設身處地著想。
5. 讓華人經理人瞭解到以個人為中心的角色行為在跨文化情境時往往是無效的。因此，培養受訓者能夠激勵團體成員的互動、協調與貢獻度，將有助於其跨文化任務的達成。

6.培養華人經理人有關於人際互動的管理與控制技巧（如會議的
　進行與結束）。

7.培養華人經理人面對新環境時，如何處理含混情境所帶來的不
　安或挫折。

三、跨文化個案法的修正與使用

　　以上，我們說明了訓練設計與訓練目標。接下來，我們將針對跨
文化個案的使用加以討論。有關跨文化個案的使用，主要的問題包括：
目前已有的個案是否充分滿足華人企業的需要？這些個案在取得上是
否容易？另外，更重要的是，這些個案是否可以直接使用於華人的跨
文化訓練上？首先，特定文化個案是針對特定文化情境所編纂出來
的。例如：派駐美國的經理人需要瞭解美國的歷史、社會、政治制度，
欲前往印度的經理人必須瞭解印度的歷史、社會、政治制度。西方企
業所關切的文化情境（多半為東方文化）與華人企業所關切的（多半
為西方文化）不同。因此，華人企業可能需要修正現有的跨文化個案
以適用於華人企業的跨文化訓練課程中。其次，對於一般性文化個案，
其假設前提是跨文化經驗是類似的。因此，西方文獻的訓練素材或許
可以直接予以採納。不過，在使用時，吾人可以思考華人經理人在跨
文化接觸時尤其常會面對的問題。若是能夠針對這些問題進行深入討
論，將直接有助於改善受訓者的跨文化溝通適能。

　　跨文化個案的編纂與修正有賴本土企業及研究者的努力。有效的
跨文化個案必須能夠敏銳引發受訓者的文化覺知。針對跨文化個案的

內容，Brislin *et al.*（1986）發展了18種可能的議題，或許可以作為華人工作者的參考（見**表一**）。例如：某些跨文化的知覺差異源自圈內人與圈外人（in-group/out-group）在區別上的不同，某些文化會以年齡作為區分標準，另一些則不會。

表一　一般文化個案的18項主題

與情緒有關的經驗：

1.焦慮	當人們接觸到不熟悉的需求情境時，他們可能會焦慮於何種行為合適與否。
2.期望的被否定	人們可能不是因為特定情境產生不安感，而是由於情境與他們預期的不同而產生。
3.歸屬	人們有歸屬的需求，希望有在家的感覺，不過，由於他們具有「外人」的身份而無法如此。
4.含混不明	在跨文化環境下生活或工作，所接受到的訊息往往不甚清晰，但卻必須仍要作決策與執行任務。跨文化工作中表現優異的人通常具有高含混容忍度。
5.面對本身偏誤	當與另一文化互動時，人們可能會發現過去所持有對某團體的信念可能不正確或是無用。

在任何文化中，社會化的結果所學習到的知識領域：

6.溝通與語言的使用	溝通差異可能是跨越文化邊界所遇到的最明顯的問題。跨文化溝通、使用語言的態度、學習其他語言的困難以及語言學習與教育的關係均是討論的問題所在。
7.角色	人們執行與角色有關的合宜行為。執行這些角色的當事者之間卻存在非常大的差異。同時，不同的社會團體對於角色應如何創構（enacted）也存在相當大的差異。
8.個人主義與集體主義	所有的人的行為在某些時候是以個人利益為準，而另一些時候則是依據團體利益。團體與個人孰重是因文化而異，並且對人們決策過程、選擇同僚以及單獨執行下有效能的程度均有極大的影響。

表一（續）

9.儀式與迷信	所有文化均具有儀式以幫助人們調適每天的人生需求。在所有文化的人們往往從事一些行為是「外人」所稱的迷信。一個人的儀式在另一個人來說可能是基於迷信。
10.社會層級與地位	人們通常會依據地位高低的標記來區分人。這樣的區分往往因文化而異。
11.價值觀	人們對廣泛的經驗予以內化，如：宗教、經濟、政治、美學、人際關係等。這些內化的觀點以及可能的差異範圍對於跨文化的瞭解是重要的。
12.工作	人們花在工作或社交的時間有所差異。誰擁有控制權以及決策是如何作成的，也可能因文化而相當不同。
13.時間與空間導向	文化決定人們對於時間與受到時間約束的感覺。另外，人們使用空間的的方式也因文化而異。

文化差異的基礎以及人們如何學習處理資訊：

14.分類	由於人們無法注意到所有資訊，他們將類似的資訊加以分類，並以此回應。不同文化可能將同樣的訊息以不同類別加以歸類。這樣的結果會造成不同文化成員在使用不同分類而彼此互動時會產生某些困擾。
15.差異化	人們對於較重要的分類加以細部區分其中的要素。
16.圈內人與圈外人的差異	人們大致區分兩種人：(1)圈內人，那些他們較能討論個人事物者；(2)圈外人，那些他們一般來說保持距離者。一個人加入其他文化或團體時必須認識到他通常被視為圈外人，而且他將無法參與圈內人所屬團體的某些行為。
17.學習風格	人們最佳的學習風格可能因文化而異。
18.歸因	人們通常觀察他人行為並且反映在其個人行為上。歸因是指對行為成因的判斷。對於他人行為的同形歸因可以提昇跨文化互動時的效能。

引自 Cushner & Landis, (1996), The intercultural sensitizer, in Dan Landis & Rabi Bhagat (Eds.), *Handbook of intercultural training* (2nd edition), p.189.

伍、結語

　　本文嘗試檢視跨文化訓練的意義以及華人企業採用跨文化訓練可能面對的問題與可行方向。由於跨文化訓練涉及層面甚廣，本文僅就部份議題予以討論。至於更具體的訓練設計及課程內容，則有賴日後各方的努力。最後，我們需要說明的是，本文以「華人企業」泛指根源於中華文化的企業組織。它包括了兩岸三地以及世界各國的華人企業。不過，若進一步來看，兩岸三地目前便存在相當大的文化差異。台灣與大陸雖同文同種，然而由於時空的間隔、政治與社會制度的不同，兩岸人民的價值觀在許多方面是不同的。例如：在大陸的社會主義制度下，平等觀念較強。並且，受到「大鍋飯」的影響，企業員工的責任感不強。相對而言，在台灣的資本主義制度下，企業員工對工作的價值較重視。不過，研究指出，由於傳統儒家的倫理觀的影響下，兩岸員工對於工作價值觀的重視順序差異不大（黃國隆，民83）。至於香港，因為長期受到西方文化的影響，企業員工較傾向接受西方價值。兩岸三地個別的文化如何個別影響企業員工的態度與行為，以至於產生不同的「華人文化」是一個值得探討的課題。就本文的主題而言，兩岸三地之間的華人在從事跨地區任務前，到底應接受何種「跨文化」訓練作為裝備？吾人或許需要釐清華人文化之共通性部份，進而討論各地區華人文化間的差異部份，始能明瞭華人地區之間的跨文化訓練

的內涵與設計。

參考文獻

吳宗祐（民84）：〈組織中的情緒規則及其社會化〉，國立台灣大學心
　　理學研究所未出版碩士論文。

戚樹誠（民85）：〈全球化趨勢與企業經理人領導特質之實證研究〉，
　　行政院國家科學委員會專題研究計畫成果報告，計畫編號：NSC
　　85-2418-H-002-001。

黃國隆（民72）：〈歸因特質、專斷性、個人背景變項與刻板印象間之
　　關係〉，《國立政治大學教育與心理研究》，第6期，第75-98頁。

黃國隆（民83）：〈海峽兩岸企業員工工作價值觀之差異〉，《海峽兩岸
　　企業員工工作價值觀之差異研討會》，第1-43頁，財團法人信義文
　　化基金會。

楊中芳（民85）：《如何研究中國人》，桂冠圖書股份有限公司。

楊國樞（民67）：〈三種成就動機：概念性的分析〉，香港心理學會演
　　講。

Adler, N. J., & Bartholomew, S. (1992). Managing globally competent
　　people. *Academy of Management Executive*, vol. 6, no. 3, pp.52-65.

Anderson, J. R. (1990). *Cognitive psychology and its implications* (3rd ed.),
　　New York: Freeman.

Argyle, M. (1969). *Social interaction*, New York: Methuen.

Bass, B. M. (1990). *Handbook of leadership: A survey of theory and research*, New York: Free Press.

Berry, J. W. (1990). Imposed etics, emics and derived emics: Their conceptual and operational status in cross-cultural psychology. In T. N. Headland & M. Harris (Eds.), *Emics and etics: The insider/outsider debate*, pp. 84-89, Newbury Park, CA: Sage.

Bhawuk, D. P. S., & Brislin, R. W. (1992). The measurement of intercultural sensitivity using the concepts of individualism and collectivism, *International Journal of Intercultural Relations*, vol. 16, pp.413-436.

Bhawuk, D. P. S., & Triandis, H. C. (1996). The role of culture theory in the study of culture and intercultural training, In D. Landis & R. S. Bhagat (Eds.), *Handbook of intercultural training*, 2nd ed., pp. 17-34, SAGE Publications, Inc., California.

Black, J. & Gregersen, H. (1991). Antecedents to cross-cultural adjustment for expatriates in Pacific Rim assignments, *Human Relations*, vol. 44, no.5, pp. 201-222.

Bond, M. H. & Lee, P. W. H. (1981). Face-saving in Chinese culture: A discussion and experimental studies of Hong Kong studies, In A. Y. C. King & R. P. L. Lee (Eds.),*Social life and development in Hong Kong*, pp. 288-305, Hong Kong: Chinese University Press.

Brislin, R. (1981). *Cross-cultural encounters: Face-to-face interaction*, Elmsford, NY: Pergamon.

Brislin, R., Landis, D., & Brandt, M. (1983). Conceptualizations of intercultural behavior and training, In D. Landis & R. Brislin (Eds.), *Handbook of intercultural training*, vol. 1. Issues in Theory and Design, pp. 1-34, Elmsford, NY: Pergamon.

Cushner, K. & Landis, D. (1996). The intercultural sensitizer, In D. Landis & R. S. Bhagat (Eds.), *Handbook of intercultural training*, 2nd ed., pp.185-202, SAGE Publications, Inc., California.

England, G. W. (1967). Personal value systems of American managers, *Academy of Management Journal*, vol. 10, pp. 53-68.

Fontaine, G. (1996). Social support and the challenges of international assignments: Implications for training, In D. Landis & R. S. Bhagat (Eds.), *Handbook of intercultural training*, 2nd ed., pp.264-281, SAGE Publications, Inc., California.

Goldstein, I. L. (1980). Training in work organizations, *Annual Review in Psychology*, vol. 31, pp. 229-272.

Gudykunst, W. B., Guzley, R. M. & Hammer M. R. (1996). Designing intercultural training, In D. Landis & R. S. Bhagat (Eds.), *Handbook of intercultural training*, 2nd ed., pp.61-80, SAGE Publications, Inc., California.

Gudykunst, W. B., & Hammer, M. R. (1983). Basic training design, In

D. Landis & R. S. Brislin (Eds.), *Handbook of intercultural training*, vol. 1, pp.118-154, Elmsford, NY: Pergamon.

Harrison, J. K. (1992). Individual and combined effects of behavior modeling and the culture assimilator in cross-cultural management training. *Journal of Applied Psychology*, vol. 77, pp. 952-962.

Ho, D. Y. F. (1976). On the concept of face, *American Journal of Sociology*, vol. 81, pp.867-884.

Hofstede, G. (1980). *Culture's consequence*, Beverly Hills, CA: Sage.

Hofstede, G. (1991). *Cultures and organizations*, England: McGraw-Hill.

Hoopes, D. S. (1979). Notes on the evolution of cross-cultural training, In D. Hoopes & P. Venturas (Eds.), *Intercultural sourcebook*, pp. 3-5, LaGrange Park, IL: Intercultural Communications Network.

Hsu, F. L. K. (1971). Eros, affect, and pao. In F. L. K. Hsu (Ed.), *Kinship and culture*, pp. 439-476, Chicago: Aldine Publishing co.

Kealey, D. J. (1996). The challenge of international personnel selection, In D. Landis & R. S. Bhagat (Eds.), *Handbook of intercultural training*, 2nd ed., pp.81-105, SAGE Publications, Inc., California.

Kluckhohn, F., & Strodtbeck, F. L. (1961). *Variations in value orientations*, Evanston, Ill.: Row, Peterson.

Kroeber, A. L., & Kluckhohn, F. (1952). Culture: A critical review of concepts and definitions, *Peabody Museum Papers*, vol. 47, no.1, pp. 181, Cambridge, Mass: Harvard University.

Landis, D., & Brislin, R. (1983). *Handbook of intercultural training*, vol.3, Elmsford, NY: Pergamon.

Landis, D., & Bhagat, R. S. (1996). *Handbook of intercultural training*, (2nd ed.), Thousand Oaks, CA: Sage Publications.

Mintzberg, H. (1973). *The nature of managerial work*, New York: Harper & Row.

Naisbitt, J. (1994). *Global paradox*, Commonwealth Publishing Co., Ltd.

Oberg, K. (1960). Cultural shock: Adjustment to new cultural environments, *Practical Anthropology*, vol. 7, pp. 177-182.

Osgood, C. (1977). Objective indicators of subjective culture, In L. Adler (Ed.), *Issues in cross-cultural research, Annuals of the New York Academy of Sciences*, vol. 285, New York: New York Academic Sciences.

Parsons, T., & Shils, E. A. (1959). *Toward a general theory of action*, Cambridge, Mass: Harvard University Press.

Ruben, B. D. (1976). Assessing communication competency for intercultural adaptation. *Group and Organization Studies*, vol. 1, pp.334-354.

Triandis, H. C., Bontempo, R., Villareal, M., Asai, M., & Lucca, N. (1988). Individualism-collectivism: Cross-cultural perspectives on self-ingroup relationships. *Journal of Personality and Social Psychology*, 54, 323-338.

Ward, C. (1996). Acculturation, In D. Landis & R. S. Bhagat (Eds.), *Handbook of intercultural training*, (2nd ed.), pp.124-147, SAGE Publications Inc., California.

Yang, L. S. (1957). The concept of pao as a basis for social relation in China, In J. K. Fairbank (Ed.), *Chinese thought and institutions*, pp. 291-309, Chicago: University of Chicago Press.

組織價值觀與個人工作效能符合度研究途徑

鄭伯壎

台灣大學心理學系

郭建志

台灣大學心理學研究所

〈摘要〉

以往的組織文化研究，大都側重在強勢文化對員工行爲的影響，而忽略了員工與組織的互動事實。本研究採取符合度（相關符合度、差距符合度）的概念，探討員工的知覺價值觀與期待價值觀之符合度對其行爲的影響；此外，基於考慮強勢文化對員工行爲的直接塑造作用，亦把知覺價值觀納入考量，分別探討「相關符合度」、「差距符合度」以及「知覺價值觀」此三變項與員工工作效能的關係，並且比較其對員工工作效能的預測能力。以六家公司259位員工爲對象，施測以組織價值觀知覺與期待量表、組織承諾量表、工作滿足與離職意願量表以及組織公民行爲量表，結果發現：

(1)員工的知覺價值觀以及價值觀符合度（相關符合度、差距符合度）確實與其工作效能有關。

(2)對組織認同、組織公民行爲中的「主動積極」的預測能力，以知覺價值觀爲最佳，解釋的變異量分別爲36%與6%。

(3)對工作滿足、離職意願的預測能力，以差距符合度爲最佳，解釋的變異量分別爲28%與23%。

(4)個人背景變項雖對個人的工作效能具有顯著的預測效果，但效果不大。

最後討論了本研究在組織文化、個人與組織契合理論上的含義，並提出未來研究的方向。

一、緒論

　　在過去十年中，「組織文化」一直是「組織行爲學」中的一個重要研究主題（Barley, Meyer, & Gash 1988；O'Reilly, Chatman, & Caldwell, 1991；Smiricich, 1983）。雖然組織研究者皆同意組織文化的存在和重要性，但對其定義仍眾說紛紜，缺乏一致性的看法。儘管定義有所不同，然就所有的組織文化研究而言，都是使用相類似的術語或建構（construct），而這些術語或建構都是可以理解的，其差異在於不同研究者所使用的建構或術語的主觀性—客觀性、意識—潛意識及其所認定的文化研究對象有所不同（Barley, 1983）。例如，Schein（1985）依據文化的抽象性與具體性，將文化分成人工製品與創造物、價值觀、基本假設三個層次，且認爲只有第三層次之文化——基本假設，才是「文化」，其餘的只是它的衍生物。Sathe（1985）則主張文化的內容包含內隱型與外顯型兩類（implicit and explicit forms），內隱型包括祭典、儀式、習俗、故事、隱喻、特殊語言、英雄、口號、裝飾品、服裝以及符號語言等；外顯型則包括宣佈（announcements）、公告（pronouncements）、備忘錄以及其他各種的外在表達與溝通形式。而Rousseau（1990）則將組織文化的層級擴大，認爲組織文化的元素包括基本假設、價值觀（value）、行爲規範、行爲模式以及人工製品（artifacts）等五個層次。

㈠組織文化的核心：價值觀

　　組織文化的建構或術語雖然眾說紛紜，但我們仍可依主觀性─客觀性、意識─潛意識這兩個向度將組織文化的研究分成兩類，其一為「文化適應學派」（culture adaptationist school），著眼於團體成員可直接觀察的事物，如人工製品、行為規範、行為模式、服裝、裝飾品及語言等，強調組織文化的客觀及意識層面。另一派則為「文化觀念學派」（culture ideational school），著眼於團體成員內心共享之信念（beliefs）、價值觀（values）、意義（meanings）、意念（ideals）及假設（assumption）等，即強調組織文化的主觀及潛意識層面（Sathe, 1985）。但不論是「文化適應學派」或「文化觀念學派」，文化研究者皆同意將文化視為社會團體成員所共享的認知系統（如：Geertz, 1973；Smircich, 1983），因此都從價值觀和基本假設著手進行組織文化的研究（Enz, 1988；Martin & Siehl, 1983；Schein, 1985；Wiener, 1988）。其中，Schein（1985）雖認為基本假設才是組織文化的本質，其餘則為其衍生物，但基本假設不易被操作、測量，因此難以用基本假設作為研究的單位。再者，就組織文化之層次理論而言，價值觀影響組織的規範、模式，再影響人工製品，因此價值觀是人工製品、行為規範、行為模式三層次的形成力量與能量來源。既然價值觀為組織成員或組織提供行為的理由，所以欲了解人工製品、行為規範以及行為模式的意義與重要性，或者想預測這三者，就必須從價值觀著手，才能了解組織文化的內涵（Ott, 1989）。

　　大部分的組織文化研究者皆同意價值觀或組織的價值觀系統是組織文化定義的關鍵元素（Wiener, 1988），因爲它能通過理論和方法上的重複鑑定（theoretical and methodological scrutiny），也能做操作性定義和測量。而且價值觀是規範（norm）、符號（symbol）、典禮（ceremony）、儀式（ritual）及其他文化活動的實質內涵，所以有些學者認爲應以價值觀爲研究的重心（O'Reilly, Chatman & Caldwell, 1991）。而即使組織文化的研究對象是組織規範（如：Cooke & Rousseau, 1988），其基礎仍然是價值觀。如果組織文化是以典禮、儀式、故事等爲研究重心時（如：Louis, 1983；Martin & Siehl, 1983；Trice & Beyer, 1984），那麼也是反映了組織基本的信念和價值觀。因此，組織成員若共享有價值觀系統，這些價值觀系統便成爲社會期待或規範的基礎。

　　價值觀不但具有外在適應、內在統合的功能，而且也是組織文化的實質內涵所在（Wiener, 1988），因此，我們可將價值觀視爲組織文化的核心內容（Ott, 1989；Hofstede, 1990）──以價值觀來證實衡量組織文化應是可行的，也應爲各組織文化研究者所接受。關於價值觀內涵的討論中，Parsons（1951）認爲價值觀是一種共享的符號系統（shared symbolic system），可充當選擇的效標或標準，使得在一個開放的情境中，可對各種取向的方案（alternatives of orientation）作選擇。Kluckhohn等人（1951）則認爲價值觀是個人或群體對什麼值得做，什麼叫做好的一種建構（constructs），它可以是內隱的或外顯的，此種建構影響個人或群體的行爲方式、途徑及對目的之選擇。而Rokeach

（1973）認爲價值觀是一種持久的信念，是個人或社會所偏好特定的行爲方式或存在的目的狀態（end-state of existence），而不喜歡相反的行爲方式或存在的目的狀態。基於以上對價值觀的定義，不論是強調共享的符號系統（Parsons, 1951）、或是建構（Kluckhohn, 1951）、或是持久的信念（Rokeach, 1973），我們可將價值觀視爲一種內化性規範信念（internalized normative beliefs），一但這種內化性規範信念建立形成了，就可用來引領組織成員的行爲，而不受外在因素（如酬賞、處罰等）的影響。

然而，組織價值觀要發揮其功能，或員工要將組織價值內化成爲規範信念，則需要考慮員工對組織價值觀的接受程度，即須考慮兩者的符合程度，否則極可能產生價值觀衝突的現象。因此本研究將以符合度的概念來探討價值觀一致性對個人行爲的影響。

㈡符合度研究取向

個人特徵與組織特徵的符合度或一致性概念，是屬於互動心理學的一環。「個人─情境符合度」（person-situation fit）一直被用來解釋組織成員之生產力與工作滿意度的差異，並充當人事甄選的策略。它通常分爲兩種研究途徑，一種爲「個人─工作符合度」（person-job fit），探討個人特徵和工作屬性二者間互動的情形，如Wanous（1980）從個人對工作要求的了解程度來研究個人對工作的適應性。另一種爲「個人─組織符合度」（person-organization fit），主要研究個人特徵與組織屬性二者互動的情形，如Lofquist（1969）等人從個人與所處環境的關

係來研究對工作滿足的影響。

　　不論就「個人─工作符合度」或「個人─組織符合度」而言，都存有一個共同的隱含假設，即符合度或契合（match）的程度越高，則員工的正向行為就越可能產生。但這樣的研究取向可能仍有問題存在，如何界定符合度即是首要的問題。其次，這樣的研究取向是否可以增加對員工工作行為變異量的解釋。此外，所使用的測量題目或描述句是否足夠涵蓋個人特性與組織特徵，也是符合度研究取向的一個重要的問題（Caldwell & O'Reilly, 1990）。為了有效解決上述問題，必須使用廣泛而且共通的語言來描述個人特性與組織特徵，以使個人特性與組織特徵能經由多重向度而做整體性的比較。Bem & Allen（1974）便利用Q─方法論（Q-methodology）發展出「模板比對技術」（template-matching technique），來研究個人特性與情境特徵的相對性與可比較性。此方法強調以個人為主，探討各變項的相對顯著性與結構性，而非以變項為主，探討每個人的相對位置。因為個人的特性不同，以致需要大量與情境有關的題目或描述句，所以在使用時，確有實際上的困難。為了簡化測量的題目或描述句，而又能對變項作個人間的相對比較，Chatman（1989）提出「個人─組織符合度模式」，承襲「模板比對」的Q─方法論，使用Q─分類（Q-sort）的方法建構組織文化價值觀剖面圖，然後以此二者的相關係數來表示符合程度，此研究方法稱為「剖面圖比較歷程」（profile comparison process）。由於「剖面圖比較歷程」可使用共同的語言來評估個人特性與情境特徵，允許對個人特性的自比性（ipsative）測量，能直接評估「個人─情境

符合度」，因此以這種技術可以解決符合度研究方法上的問題。

　　就早期組織行為符合度的研究而言，只有「個人—組織符合度」的概念產生（Joyce & Slocum, 1984；Tom, 1971）。直到八〇年代，人類學家、社會學家、社會心理學家才開始努力嘗試以文化概念，如符號語言學、祭典、儀式、神話、故事、語言來分析組織中個人和團體的行為（Ouchi & Wilkins, 1985；Smircich, 1983；Trice & Beyer，1984），亦才有「個人—文化符合度」的概念產生（O'Reilly, Chatman & Caldwell, 1991）。基於組織文化的核心為價值觀之理由，所以「個人—文化符合度」的研究也應以價值觀為研究的對象。簡而言之，員工會選擇與自己價值觀相近的組織，而組織也會選擇具相似價值觀的員工（Schneider, 1987）——價值觀提供了一個起點，與員工甄選、社會化的過程一起作用，以保證個人價值觀能與組織價值觀相互契合（Chatman, 1988），因此，個人價值觀和組織價值觀的一致性是「個人—組織符合度」的關鍵（O'Reilly, Chatman, & Caldwell, 1991）。

　　由於每個組織都存有強弱不一的組織文化價值觀，不同組織的成員面對組織文化價值觀時，可能採取不同的知覺方式；而同一個組織的成員面對組織文化價值觀時，知覺的結果也不盡相同，因而就個人而言，皆有主動知覺與解釋組織價值觀的能力。況且個人先前的工作經驗或非工作經驗會影響個人對組織文化的知覺，先前的經驗影響個人對組織事件的解釋，且將它併入個人在新工作經驗的「組織文化實體」（reality of the organizational culture）。既然組織是由個人所組成，個人本身就存有價值差異性，因而存有知覺到的價值觀與期待的價值

觀具差異性的現象。同時，也基於對組織價值觀的期待性，組織成員
傾向於把知覺到的組織價值觀與期待的價值觀做比較，因此有一致性
的概念產生。此種價值觀一致性會影響個人的組織效能，而不一致則
會造成目標的混淆（Denison, 1990）。

1.價值觀一致性的功能

　　價值觀一致性不但影響員工的行爲，而且也是優勢組織文化的必
備條件。Wiener（1988）主張當某些關鍵價值觀或核心價值觀共享於
各階層與各團體單位時，核心價值系統就可說是存在了。根據Wiener
的概念，我們可用兩個向度來描述文化的強弱：

　　⑴組織價值觀的強度：是指組織成員所接受的程度，接受程度愈
　　　高，則強度愈強。

　　⑵結晶化（crystallization）的形成與否：是指組織成員共享的程
　　　度，若共享的程度愈高，則結晶化愈高。

　　若組織文化具備了高強度與結晶化的形成這兩個特徵，則可說組
織存有核心價值系統或團體文化了，縱使組織的全體成員不一定具相
同的價值觀，但大多數的核心成員皆會贊成此價值觀，且爲大部分的
組織成員所支持。因此，具優勢文化的組織，可視爲是具有優勢的組
織價值觀（Davis , 1984；Deal & Kennedy, 1982）。若組織存在著優勢
文化，則意味著組織成員的價值觀以及所採取的行動是非常一致，此
一致性是組織力量（organizational strength）的來源，可用來改善生產
力及組織效能（Denison, 1990）。因爲組織價值觀一致性程度高時，表

示組織成員具有共同的參考架構（common frames of reference），這是組織溝通的基礎：溝通是符號使用的過程，若對符號意義有高程度的共識，則能加快溝通時對符號「編碼—解碼」的過程（encoding-decoding process）（Berger & Luckmann, 1966）。此外，價值觀一致性可提供組織規範統合（normative integration）的功能（Cameron & Freeman, 1989）。規範統合是指組織所存有的規範或期待，且這些規範或期待為團體成員所認同，而能約束控制組織成員的行為，這是規則（rule）、科層制度（bureaucracy）、正式結構（formal structures）無法做到的。尤其是在組織成員遇到不熟悉的情境時，規範性統合的功能表現得特別明顯。

基於以上之論述，可知價值觀一致性的基本概念是：以內化價值觀為基礎的內在控制系統（implicit control system），比以外在的規則及條例（regulation）為基礎的外在控制系統（explicit control system）更能使組織產生協調的行為（Weick, 1987）。它能提升訊息的互換以及行為的協調，易使組織成員對信念、符號、語言等達成共識，因此能增加個人的工作效能。

2.個人工作效能的指標

在個人效能的測量上，可以採用客觀法（objective approach），亦可採用主觀法（subjective approach）來測量。客觀法主要是以能夠達成組織目標的客觀數據，做為個人效能的指標，例如：個人的實際生產量、不良品數、缺勤率、人為錯誤等。一般而言，客觀法的指標較

爲客觀，然而個人效能的資料卻容易受情境因素的影響，而無法釐清是否眞的是個人的因素造成的；另外，在許多工作上，亦不容易找到客觀的效能指標（Casico, 1991）。因此，採用主觀法來評定個人效能是組織中常見作法。利用主觀法來評定個人效能，除了直接的工作績效指標之外，與工作效能間接有關的指標，包括組織承諾、公民行爲、工作滿足及離職意願都是極爲重要的（Porter, Steers, & Boulian, 1974）。

組織承諾的定義相當多，而且眾說紛紜，Morrow（1983）就指出至少有25種以上的組織承諾概念，爲了整合這些概念，透過理論上的檢討，O'Reilly與Chatman（1986）將組織承諾歸納爲三部份：

(1)組織認同（identification）：是基於滿足親和需求而來的對組織的依附；

(2)組織內化（internalization）：由於組織成員的個人價值等同於組織價值而留駐於組織；

(3)組織順從（compliance）：指的是組織成員基於獲得外在酬賞的工具性作用。並證實了組織認同、組織內化與角色外的助人行爲關係密切，然而組織順從卻沒有顯著的關係。

組織公民行爲是Organ（1988）擴充Katz與Kahn（1978）的自發與創新行爲的概念而來，他認爲任何組織系統的設計均不可能完美無缺，若只依靠組織成員的角色內行爲，可能很難有效達成組織目標，而必須仰賴員工主動執行角色要求以外（extrarole）的行爲，以補足角色定義之不足並促進組織目標的達成。由於此類行爲通常並未涵蓋於

員工的角色要求或工作說明書中，員工可自行取捨。過去美國的研究顯示，組織公民行為可分為兩個主要因素：

    (1)利他行為（altruism）：組織成員在組織的相關任務或問題上主動協助其他人；

    (2)良心行為（conscientiousness）：組織成員在某些角色行為上，主動超越組織要求的標準（如：Podsakoff, Mackenzie, Moorman, & Fetter, 1990；Smith, Organ, & Near, 1983）。

為了因應國情的不同，國內研究者根據上述概念，重新發展組織公民行為的測量工具，結果除了包含利他行為、良心行為等兩大因素之外，也含蓋了認同組織、不生事爭利、公私分明及自我充實等因素（林淑姬，1992）。研究者並認為：本土化量表雖然是以開放（面談）的方式在國內自行發展，但在觀念上和西方量表仍相當接近。

最後，工作滿足與離職意願也是個人工作效能的重要間接指標，此兩種指標與離職行為都有密切的關係，尤其是離職意願更是離職行為的重要預測變項，這在Mobley（1982）的離職歷程模式有充分說明，而且亦受到證實。至於工作滿足除了能有效預測離職行為之外，也是缺勤率的重要預測因素（Steers & Rhodes, 1978）。

3.組織價值觀一致性與組織成員工作效能的關係

組織價值觀一致性與組織成員工作效能之關係的實徵研究並不多，而且所採用的工作效能指標或依變項也不盡相同。就組織承諾而言，丁虹（1987）以文化鴻溝的概念，探討組織文化一致性與組織承

諾的關係，發現組織文化一致性愈高，員工的組織承諾愈高；而文化
鴻溝愈大，則員工的組織承諾愈低。鄭伯壎（1992）則將組織價值觀
分為內部整合與外部適應兩類價值觀，採用差距符合度的概念，探討
兩種價值觀符合度與留職意願、組織認同等兩類組織承諾指標的關
係，並發現內部整合價值觀的期望與實際差距愈大，則員工的留職意
願與組織認同愈低。上述兩個研究雖然都探討價值觀一致性與組織承
諾的關係，但對組織承諾的界定都採Mowday, Porter, & Steers（1982）
的看法，而未能對組織認同、組織內化及組織順從加以區分。事實上，
O'Reilly, Chatman, & Caldwell（1991）採用「個人—組織契合（person-
organization fit）」的概念，探討員工之個人價值觀與組織價值觀符合度
與組織承諾的關係時，就發現符合度與組織內化或組織認同等規範性
承諾（normative commitment）有顯著的關係，但卻與組織順從或工具
性承諾（instrumental commitment）無關。顯示組織價值觀一致性應該
只與某一部份的組織承諾有關。

　　就與工作滿足與離職意願的關係而言，目前的研究都證實組織價
值觀符合度能有效預測員工個人的工作滿足與離職意願：當個人的價
值觀與組織價值觀的一致性愈高時，個人的工作滿足愈高，而離職意
願愈低（O'Reilly et al., 1991）。另外，Meglino, Ravlin, & Adkins（1989）
亦發現當生產線作業員的工作價值觀與督導人員越相似時，其工作滿
足越高。

　　就與組織公民行為的關係而言，Organ（1988）在建構組織公民行
為的理論時，即宣稱組織文化與組織公民行為具有十分密切的關係，

當組織成員接受公司的組織文化、個人價值與組織價值觀類似時，個人角色外的行爲（extrarole behavior）較佳，表現能夠凌駕於標準之上。驗證此種關係的研究，目前只有鄭伯壎（1992）驗證期望與知覺組織價值觀差距對組織公民行爲的效果，並發現差距符合度與利他行爲及良心行爲雖成負相關，但不顯著，並不支持Organ（1988）的想法。然而，當採用加權模式（即期待價值觀×實際價值觀）時，則發現外部適應價值對利他行爲及良心行爲具有顯著的預測效果。

由以上的研究結果可知，價值觀一致性確實與員工工作行爲有關，而且價值觀符合度愈高，員工愈有正向行爲產生，包括有較高的組織認同、組織內化、工作滿足感，同時，離職意願較低。至於一致性與組織公民行爲間的關係，則不太確定。

4.符合度的指標

雖然組織文化一致性與個人工作效能的研究並不多，但從現有的研究中可以發現，組織文化一致性的指標甚雜，有的以減差（ΣD）來表示（如丁虹，1987）；有的以絕對值（$\Sigma|D|$）或差平方（ΣD^2）來表示（如鄭伯壎，1992）；有的則以相關來表示（如：O'Reilly *et al.*, 1991）。利用減差來做符合度的指標，是假設當實際的組織價值觀大於理想或期望的組織價值觀時，個人的工作效能較高：差距越大，效能越高。利用絕對值或差平方做符合度的指標，則假設當期望價值觀與實際價值觀類似，或個人價值觀與組織價值觀類似（即差距接近於0）時，個人的工作效能較高；反之，不管是期望價值觀較高或實際價值

觀較高（即差距大於0）時，個人的工作效能較低。至於相關符合度則計算個人期望價值觀與實際價值觀、或個人價值觀與組織價值觀間的相關係數，做為符合度指標，其數值介於－1與＋1之間：相關係數越高，則個人的效能越高。

由於本研究採取符合度研究途徑，在理論上，減差較無法說明兩變項間一致性的關係（Edward 1991）：亦即過與不及應該都是不一致（unfit）的狀況，然而減差的指標假設「超過」（excess）是最一致的，而「不及」（deficiency）才是不一致的，與符合度的界定有所出入。因此，捨棄不用，而以絕對值與相關係數做為符合度的指標，進行期望組織價值、實際組織價值觀與個人工作效能間關係的探討。當然此兩種指標仍有一些限制存在，例如以絕對值做指標，可能無法區分「超過」與「不及」是否具有不同的效果；而相關係數方面，則可能存有不同人的相關係數雖然相同，而實際原始分數可能差距過大的問題，然而，這種指標都符合一致性或符合度的定義。

此外，基於強勢組織價值觀可能直接影響員工的行為表現（如：Deal & Kennedy, 1990），所以本研究也把員工知覺到的組織價值觀強度（或知覺價值觀）納入考量，分別探討「相關符合度」、「差距符合度」及「知覺價值觀」三變項與員工個人工作效能依變項的關係，並比較其對員工個人工作效能的預測能力。根據上面的討論，可以推論知覺價值觀、相關符合度與員工工作效能有正向的關係，而差距符合度則有負向的關係。

總之，本研究的主要目的是探討下列問題：

(1)比較「相關符合度」、「差距符合度」、「知覺價值觀」對員工工作效能依變項的預測能力。

(2)嘗試找出最佳的預測變項或模式，以便能正確預測員工的工作效能。

二、方　法

㈠研究對象

　　本研究的樣本來自六家公司，包括一家建設公司，一家汽車製造公司，一家化學公司，一家五金公司，一家客運公司以及一家菸酒製造公司的製造工廠。共發出了450份問卷，回收了315份，扣除空白過多，反應心向（response set）明顯的問卷共20份，實得有效問卷295份。就工作性質而言，生產有81名，佔27.45％；工程有89名，佔30.16％；管理有61名，佔20.67％；後勤有18名，佔6.10％；業務有30名，佔10.16％。就性別而言，男性有211名，佔71.52％；女性有77名，佔26.10％；平均年齡在35歲左右，平均年資則大約為5年，平均教育程度則在12年左右。

㈡研究工具

　　本研究以問卷為測量之工具，包括組織文化價值觀知覺與期待量

表、組織承諾量表、工作滿足與離職意願量表、組織公民行為量表以及個人背景資料等五個部份。

1.組織文化價值觀知覺與期待量表

　　此量表之題目來源有二，一來自鄭伯壎（1990）所編製的「組織文化價值觀量表」，此量表包含九個分量表，是依照Schein（1985）對組織文化假設的五個向度發展而來，這五個向度包括組織與環境的關係、現實（reality）與真理（truth）的本質及決策的基礎、人性的本質、人類活動的本質、以及人類關係的本質。另一部分來自O'Reilly（1991）等人的「組織文化問卷」，此問卷是英文問卷，經翻譯、討論，再將語意不清及不符合實際情況的題目刪除。將此二份問卷合併起來，刪除重複、語意過於接近的題目，並請數位研究生試答並與其討論，剔除或修訂語意模糊者，再與有關專家逐題討論、修定，最後得到120個題目。此量表包括兩部份，第一部份測員工所知覺到的組織文化價值觀，第二部份測員工所期待的組織文化價值觀，本量表每一頁上方皆附有一九點量尺，量尺上分別標明「完全相反的價值觀」、「一點也不重要」、「不重要」、「不太重要」、「有點重要」、「重要」、「相當重要」、「非常重要」、「最為重要」九種選擇。受試者依據公司實際情況填寫所知覺到的及所期待的組織文化價值觀，計分時，依據受試者的反應分別給予「－1」至「7」的分數，每個受試者皆含有知覺分數與期待分數。

　　本研究將受試者對組織文化價值觀知覺與期待量表之知覺反應

（公司實際存在的價值觀）資料進行主軸因素分析（principal-axes factor analysis），以陡階檢驗法（scree test）決定大致的因素數目，以極變法（varimax method）從事正交轉軸，將在各因素上因素負荷量過低的題目予以剔除，剩下的題目再以相同的方法進行因素分析。結果剩下88題，可抽得7個有意義的因素（組織公義與員工取向、主動求真、競爭能力、團隊精神、社會責任、績效取向、終極目標），這7個因素的信度Cronbach's α在.84與.96之間，能夠解釋受試者對「組織文化價值觀知覺與期待量表」88個題目的57.04%總反應變異量。但由於本研究採符合度的概念來研究其與員工個人效能的關係，且各因素符合度間皆有高度的相關，相關係數在.54與.97之間。此外，各因素符合度與整體符合度的相關界於.74與.96之間。表示因素符合度之間具有很高的內部一致性，所以本研究對符合度採單一指標，而不採用因素符合度來預測員工的個人效能。

2.組織承諾量表

本量表採自O'Reilly與Chatman（1986）的組織承諾量表（Organizational Commitment Scale），包含12個題目，每個題目後面均附有六點量尺，量尺上分別標明「非常不同意」、「不同意」、「有點不同意」、「有點同意」、「同意」、「非常同意」六種選擇。受試者針對每一個題目圈選出最能代表個人意見的答案。計分時，依據題目的性質及受試者的反應分別給予「1」至「6」或由「6」至「1」的分數。

將受試者對「組織承諾量表」的反應資料進行主軸因素分析，以

陡階檢驗法決定因素的數目，以極變法進行正交轉軸，將在各因素上因素負荷量過低的題目予以剔除，剩下的題目再以相同方法進行因素分析。結果剩下11題，可抽得2個有意義因素（見**表一**），可解釋「組織承諾量表」11個題目的反應總變異量是50.55%。

第一個因素包含7個題目，其中因素負荷量較高的題目，內容主要涉及對組織價值觀的認同，如「我喜歡這家公司的理由是因為其價值觀與我相似的緣故」，「在組織內，使我感覺到我是老闆而非只是一名員工」、「自從我加入這家公司，我個人的價值觀與組織的價值觀越來越相似」，所以將本因素命名為「組織認同」。在本因素得分越低者，越不認同組織的價值觀。此因素的信度Cronbach's α為.84，固有值為3.69，解釋變異量為33.55%。

第二個因素包含4個題目，為一雙極性因素。其中因素負荷量為正的題目，內容多為工具性的依從，如：「對我而言，為了獲得更多的報酬，正確表達自己的態度是需要的」、「除非得到更多的報酬，否則我沒有理由花費額外的努力來為公司做更多的事」。而因素負荷量為負的題目為「如果公司（或組織）的價值觀與我不同，我會離開這個組織」。以上內容，均涉及員工工具性的依從承諾或組織順從，所以命名為「工具承諾」。此因素的信度Cronbach's α為.50。固有值為1.87，解釋變異量為17.00%。

3.工作滿意與離職意願量表

此量表包含二部份，第一部份測員工的工作滿意程度，第二部份

表一　組織承諾量表的因素及因素負荷量

項目	平均數	標準差	因素負荷量
因素1：組織認同	3.52	0.90	.84*
• 我喜歡這家公司（或組織）的理由，是因爲其價值觀與我相似的緣故	3.20	1.23	.84
• 我會依附這家公司（或組織）的主要理由是此一公司（或組織）所展現的價值觀與我相似	3.40	1.22	.80
• 在此公司（或組織）內，使我感覺到我是老板，而非只是一名員工	2.39	1.22	.77
• 我常對朋友說：我服務的公司（或組織）是相當理想的工作場所	3.56	1.35	.70
• 自從我加入這家公司（或組織），我個人的價值觀與組織的的價值觀越來越相似。	3.28	1.23	.65
• 我會很驕傲地告訴別人我是這個公司的一份子	4.00	1.35	.64
• 對我而言，公司（或組織）的定位與方向是重要的	4.84	0.98	.50
因素2：工具承諾	3.38	0.65	.50*
• 對我而言，爲了獲得更多的報酬，正確表達自己的態度是需要的	4.26	1.24	.66
• 除非得到更多的報酬，否則我沒有理由花費額外的努力來爲公司（或組織）做更多的工作	3.26	1.29	.60
• 如果公司（或組織）的價值觀與我不同，我會離開這個組織	3.02	1.16	−.49
• 我私下對公司（或組織）的看法是與我公開表達時不同	2.97	1.14	.44

*各量表的信度 Cronbach's α。

測員工的離職意願，此二題皆採直接測量。工作滿意部份，直接測「綜合而言，您對於您目前的工作是否滿意」，於此題下方附一量尺，從「0」到「10」，表示從「非常不滿意」至「非常滿意」，受試者依據此題圈選出最能代表個人意見的答案，圈選的數字愈大，表示滿意程度愈高。在離職意願部份，直接測「未來一年內，您離職的意願有多高」，於此題下方附一量尺，從「0」到「10」，表示從「非常不想離職」至「非常想離職」，受試者依據此題圈選出最能代表個人意見的答案，圈選的數字愈大，表示離職意願愈高。

4.組織公民行為量表

　　此量表是依據林淑姬（1992）所編製的「組織公民行為」修改而成，共有20個題目，是一種自我評定量表（self-rating scale），以自我填答的方式，評定個人的組織公民行為。本量表的每一個題目後面，均附有一六點量尺，量尺上分別標明「非常不同意」、「不同意」、「有點不同意」、「有點同意」、「同意」、「非常同意」六種選擇。受試者針對每一個題目圈選出最能代表個人意見的答案。計分時，依據題目的性質及受試者的反應分別給予「1」至「6」或由「6」至「1」的分數。

　　將受試者「組織公民行為」的反應資料進行主軸因素分析，以陡階檢驗法決定因素的數目，再以極變法進行正交轉軸。將在各因素上因素負荷量過低的題目予以剔除，剩下的題目再以相同的方法進行因素分析。結果剩下19個題目，可抽得3個有意義的因素（見**表二**）。這三個因素能夠解釋受試者對「組織公民行為量表」19個題目的反應總

表二　組織公民行爲量表的因素及因素負荷量

項目	平均數	標準差	因素負荷量
因素一：主動積極	4.68	0.61	.87*
· 主動爭取多數同仁之福利	4.67	0.97	.72
· 執行或推展工作時，專心一致，全力以赴	5.06	0.82	.69
· 主動招呼或協助顧客及訪客	4.61	0.92	.68
· 鼓舞士氣或製造輕鬆氣氛，以激勵同仁	4.88	0.89	.67
· 主動提供新知或鼓勵同事進修，以激勵同仁	5.02	0.90	.65
· 工作效率良好，常超過標準工作量	4.05	1.18	.62
· 工作士氣高昂、從不覺厭倦	3.80	1.21	.61
· 爲提升工作品質，而努力自我充實	4.99	0.87	.60
· 主動對外介紹或宣傳公司優點，或澄清他人對公司的誤解	4.52	1.09	.56
· 盡量控制個人情緒，不影響他人工作	5.06	0.79	.56
· 積極參與各項訓練，甚至下班後自費進修	4.80	1.03	.46
因素二：和睦相處	1.78	0.63	.63*
· 經常向主管打小報告	1.67	1.06	−.72
· 在公司內爭權奪利、勾心鬥角，破壞組織和諧	1.59	1.05	−.65
· 蓄意拉攏同事，成立派系，造成組織分裂	1.43	0.75	−.51
· 假公濟私，利用職權謀取個人利益	1.76	1.06	−.51
· 經常留意公司內各項政策、規定、人事……等異動與發展	2.44	0.92	.42

表二（續）

因素三：工作操守	2.11	0.77	.67*
・利用公司資源處理私人事務，如私自利用公司電話、影印機	2.25	0.98	−.87
・上班時間經常閒聊、摸魚、打瞌睡……等	2.06	0.96	−.66
・利用上班時間處理私人事務，如買股票、跑銀行、逛街購物、上理容院……等	2.02	0.97	−.63

*各量表的信度Cronbach's α。

變異量是48.84%。各因素的信度Cronbach's α分別為.87、.63及 .67。第一個因素是與幫助同仁、顧客或組織有關的，此向度的內容與Organ（1988）的利他行為非常類似，命名為主動積極。第二個因素是與同事的相處有關，命名為和睦相處。第三個因素則與個人的工作道德或操守有關，其內容亦類似於Organ（1988）的良心行為，命名為工作操守。各因素的解釋變異量依次為17.00%、16.47%及15.37%。

5.個人背景資料

個人的背景資料，包括年齡、性別、工作性質、公司服務的年資及最高教育程度等，用來做為價值觀一致性與工作效能關係的控制變項（control variable）。

㈡研究程序

本研究以六家公司的員工為施測的對象。由於所接洽的公司不接

受研究者施行團體施測，所以本研究採用委任施測的方式。委託公司
人事部門或高階管理人員進行施測，施測完畢後再寄回給研究者。資
料搜集完畢後，進行廢卷處理工作，將空白過多，反應偏差明顯的問
卷予以剔除，再進行資料分析。

　　本研究以SAS統計套裝軟體進行資料分析，主要進行下列分析：

　　(1)因素分析：找出組織價值觀、組織承諾、組織公民行為等變項
之因素。

　　(2)相關分析：判定各變項間的關係。

　　(3)逐步迴歸分析：比較各前因變項對後果變項的預測能力。
為了判斷價值觀強度、相關符合度及差距符合度對效標變項的個別預
測效果，分別單獨以各主要預測變項加上個人背景資料進行分析。此
外，為了掌握所有預測變項對效標變項的綜合預測效果，亦將所有預
測變項納在一起進行分析。

三、結　果

㈠各變項的相關分析

　　各變項之相關分析結果，如**表三**所示。由**表三**可知，在價值觀方
面，知覺價值觀與相關符合度成正相關（r＝.35, p＜.001），與差距符
合度成負相關（r＝－.74, p＜.001），且皆達顯著水準，顯示員工知覺

之組織價值愈高，則其價值觀符合程度就愈高。知覺價值觀與組織承諾（r＝.54, p＜.001）及其因素中的組織認同（r＝.61, p＜.001）、工具承諾（r＝.13, p＜.01）均成正相關，且皆達顯著水準，顯示員工知覺之組織價值愈高，則其組織承諾就愈高。知覺價值觀與工作滿足（r＝.47, p＜.001）成正相關且達顯著水準，顯示員工知覺之組織價值愈高，則其工作滿足就愈高。知覺價值觀與離職意願（r＝－.47, p＜.001）成負相關且達顯著水準，顯示員工知覺之組織價值愈高，則其離職意願就愈低。知覺價值觀與組織公民行為（r＝.22, p＜.001）、及其因素中的主動積極（r＝.22, p＜.001）與工作操守（r＝.15, p＜.05）成正相關，且皆達顯著水準，顯示員工知覺的組織價值愈高，則其主動積極的行為就愈高，工作操守就愈高。就整體而言，員工知覺到的組織價值觀愈高，則其組織公民行為就愈高。綜合以上所述，可知知覺價值觀確實與員工個人的符合度、組織承諾、工作滿足、離職意願有顯著的相關。

期待價值觀與差距符合度（r＝.29, p＜.001）成正相關且達顯著水準，顯示員工對組織價值觀期待愈高，則其組織價值觀的差距就愈大。期待價值觀與組織承諾中的工具承諾（r＝.16, p＜.01）成正相關且達顯著水準，但與組織認同（r＝.09）、及整體組織承諾（r＝.03）的相關未達顯著水準，顯示員工對組織價值觀的期待愈高，則其組織承諾中的工具承諾的行為就愈高，但就整體而言，期待價值觀並不影響組織承諾。期待價值觀與工作滿足（r＝－.03）、離職意願（r＝.00）的相關皆很低，顯示期待價值觀幾乎不影響工作滿足、離職意願。期待價值

表三 各變項之相關分析

研究變項	A1	A2	A3	A4	A5	A6	A7	A8	A9	B1	B2	B3	B4	B5	B6	B7	B8	B9
價值觀																		
A1知覺價值觀																		
A2期待價值觀	.25***																	
符合度																		
A3相關符合度	.53***	-.09																
A4差距符合度	-.74***	.29***	-.68***															
個人特徵																		
A5年齡	.11	-.02	.04	-.13*														
A6性別	.12*	.00	.07	-.11	-.26***													
A7工作性質	-.16**	-.07	-.07	.11	-.08	.24***												
A8年資	.15**	-.01	.02	-.14*	.76***	-.12*	-.06											
A9教育程度	-.17**	-.16**	-.07	.06	.06	.10	.12*	-.02										
B1組織承諾	.54***	.03	.45***	-.51***	.15*	-.00	-.01	.15*	-.14**									
B2組織認同	.61***	.09	.45***	-.53***	.14*	-.07	-.07	.14*	-.21***	.92***								
B3工具承諾	.13**	.16**	-.08	.03	-.04	.06	-.15*	-.03	-.14*	-.44***	-.04							
B4工作滿足	.47***	-.03	.47***	-.51***	.16*	-.02	-.08	.11	-.14*	.56***	.56***	-.04						
B5變革意願	-.47***	.00	-.46***	.47***	-.24***	.00	.11	-.18**	.20***	-.45***	-.50***	-.06	-.74***					
B6組織公民行為	.22***	.18**	.20***	-.09	.11	-.03	-.10	.07	-.10	.27***	.30***	.08	.28***	-.19**				
B7主動積極	.22**	.18**	.19***	-.10	.08	.04	-.09	.07	-.11	.30***	.33***	.07	.28***	-.17**	.91***			
B8利他相讓	.11	.09	.10	-.03	.03	.05	-.04	.03	-.02	.08	.12	.11	.15*	-.15*	.77***	.49***		
B9工作堅守	.15*	.16**	.19***	-.08	.21***	-.10	-.15*	.18**	-.12*	.23***	.23***	.00	.19***	-.14*	.63***	.43***	.38***	

* $p < .05$　** $p < .01$　*** $p < .001$。

觀與組織公民行為（r＝.18, p＜.01）及其因素中的主動積極（r＝.18, p＜.01）與工作操守（r＝.16, p＜.01）成正相關，且皆達顯著水準，顯示員工對組織價值觀的期待愈高，則其主動積極的行為愈高、工作操守愈高，就整體而言，員工對組織價值觀的期待愈高，則其組織公民行為也就愈高。綜合以上所述，可知期待價值觀只與行為依變項中的組織公民行為有顯著相關，而與其它依變項的相關皆不顯著。

在符合度方面，相關符合度與組織承諾（r＝.45, p＜.001），及其因素中的組織認同（r＝.45, p＜.001）成正相關，且皆達顯著水準，顯示員工的價值觀相關符合度愈高，則其組織認同就愈高；就整體而言，相關符合度愈高，則員工的組織承諾就愈高。相關符合度與工作滿足（r＝.47, p＜.001）成正相關，與離職意願（r＝－.46, p＜.001）成負相關，且皆達顯著水準，顯示員工的價值觀相關符合度愈高，則其工作滿足就愈高，而離職意願就愈低。相關符合度與組織公民行為（r＝.20, p＜.001）及其因素中的主動積極（r＝.19, p＜.001）與工作操守（r＝.19, p＜.01）成正相關，且皆達顯著水準，顯示員工的價值觀相關符合度愈高，則其主動積極的行為就愈高、工作操守也愈高；就整體而言，相關符合度愈高，則員工的組織公民行為就愈高。由上所述，可知相關符合度確實與員工的組織承諾、工作滿足、離職意願及組織公民行為有顯著的相關。

差距符合度與組織承諾（r＝－.51, p＜.001）及其因素中的組織認同（r＝－.53, p＜.001）成負相關且達顯著水準，顯示員工的知覺價值觀與期待價值觀的差距愈小，則其組織認同就愈高；就整體組織承諾

而言，員工對組織價值觀知覺與期待的差距愈小，則其組織承諾就愈高。差距符合度與工作滿足（r＝－.51, p＜.001）成負相關，與離職意願（r＝.47, p＜.001）成正相關，且皆達顯著水準，顯示員工的知覺價值觀與期待價值觀的差距愈小，則其工作滿足愈高，離職意願就愈低。差距符合度與組織公民行為（r＝－.09）及其因素中的主動積極（r＝－.10）、和諧相處（r＝－.03）、工作操守（r＝－.08）的相關皆不達顯著水準，顯示差距符合度與組織公民行為間並無密切的關係。由上所述，可知差距符合度確實與員工的組織承諾、工作滿足以及離職意願有顯著的相關，但與組織公民行為的相關則不顯著。

　　在個人特徵方面，年齡與組織承諾（r＝.15, p＜.05）及其因素中的組織認同（r＝.14, p＜.01）及工作操守（r＝.21, p＜.001）成正相關且達顯著水準；與差距符合度（r＝－.13,　p＜.05）、離職意願（r＝－.24, p＜.001）成負相關且達顯著水準，顯示員工的年齡愈大，則其行為愈趨於正向反應，而年齡愈小則反之。工作性質與知覺價值觀（r＝－.16, p＜.01）、工具承諾（r＝－.15, p＜.05）及工作操守（r＝－.15, p＜.01）成負相關且達顯著水準，顯示員工的工作性質愈與生產無關，則其工具承諾愈低，工作操守也愈低，而且知覺組織價值觀不高。年資與知覺價值觀（r＝.15, p＜.01）、組織承諾（r＝.15, p＜.05）及其因素中的組織認同（r＝.14，p＜.05）及工作操守（r＝.18, p＜.01）成正相關且達顯著水準，與差距符合度（r＝－.14, p＜.05）、離職意願（r＝－.18, p＜.01）成負相關且達顯著水準，顯示員工的年資愈長，則其行為愈趨於正向反應，愈能知覺到組織的價值觀，而年資愈短，

則反之。教育程度與知覺價值觀（r＝－.17, p＜.01）、期待價值觀
（r＝－.16, p＜.01）、組織承諾（r＝－.14, p＜.05）及其因素中的組織
認同（r＝－.21, p＜.001）、工具承諾（r＝－.14, p＜.05）、工作滿足
（r＝－.14, p＜.05）及工作操守（r＝－.12, p＜.05）成負相關且皆達
顯著水準；與離職意願（r＝.20, p＜.001）成正相關且達顯著水準，顯
示員工的教育程度愈高，則行為愈偏於負向反應，對組織實際價值觀
的知覺愈低。由上所述，在個人特徵中，年齡與員工的組織承諾、工
作滿足以及離職意願有關；年資與員工的組織承諾及離職意願有關；
教育程度與員工的組織承諾、工作滿足以及離職意願有關。

　　綜合以上相關分析結果，可知：

(1)知覺價值觀以及符合度確實與員工的個人行為表現有關，而期
　待價值觀則只與員工的組織公民行為有關。

(2)在個人特徵中，以教育程度對員工行為的相關最大，且都為負
　面的關係，員工的教育程度愈高，則其組織承諾愈低、離職意
　願愈高，而工作操守愈低。

此外，員工的教育程度愈高，則對組織價值觀的知覺、期待則愈低。

㈡逐步迴歸分析結果

　　為了瞭解「知覺價值觀」、「相關符合度」以及「差距符合度」三
者對員工個人工作效能依變項的預測，本研究採逐步迴歸分析的方
式，先針對個別預測變項做逐步迴歸分析，再針對全部預測變項做逐
步迴歸分析，進而比較此三預測變項對員工個人工作效能依變項的變

異量解釋量大小。

1.對組織承諾之預測

各預測變項對組織承諾之逐步分析結果，如**表四**所示。在組織認同的預測方面，就強度模式而言，以知覺價值觀最高（36%），其次依序爲教育程度（2%）、性別（1%）；就相關模式而言，以相關符合度的變異解釋量爲最高（20%），其次爲教育程度（4%）；就差距模式而言，以差距符合度爲最高（28%），其次爲教育程度（3%）；就全部模式而言，以知覺價值觀最高（36%），其次依序爲相關符合度（2%）、教育程度（2%）、性別（1%）。

由以上分析結果，可知在個別預測變項模式中，以知覺價值觀對組織認同的變異解釋量最高（36%），而在全部預測變項模式中，仍以知覺價值觀的變異解釋量最高（36%）。顯示就所有預測變項而言，以知覺價值觀這個預測變項對組織認同有最佳的預測能力。此外，知覺價值觀、相關符合度均與組織認同有正向關係，而差距符合度則有負向關係。

在工具承諾的預測方面，就強度模式而言，以教育程度爲最高（3%），其餘皆不顯著；就相關模式而言，亦以教育程度爲最高（3%），其次依序爲相關符合度（1%）、工作性質（1%）；就差距模式而言，以教育程度爲最高（3%），其次爲工作性質（1%）；就全部模式而言，全部預測變項對工具承諾之變異解釋量，以教育程度爲最高（3%），其次爲知覺價值觀（2%）。

表四　各模式預測變項對組織承諾之逐步迴歸分析結果

預測變項	組織認同		工具承諾	
	β	$\triangle R^2$	β	$\triangle R^2$
價值觀強度模式				
知覺價值觀	.59***	.36	—	—
教育程度	−.16**	.02	−.15**	.03
性別	−.11*	.01	—	—
工作性質	—	—	—	—
相關符合度模式				
相關符合度	.43***	.20	−.13*	.01
教育程度	−.19**	.04	−.17*	.03
性別	—	—	—	—
工作性質	—	—	−.14*	.01
差距符合度模式				
差距符合度	−.51***	.28	—	—
教育程度	−.19***	.03	−.16*	.03
性別	—	—	—	—
工作性質	—	—	−.14*	.01
全部模式				
知覺價值觀	.46***	.36	.27**	.02
相關符合度	.15*	.02	—	—
差距符合度	—	—	—	—
教育程度	−.10*	.02	−.14*	.03
性別	−.11*	.01	—	—
工作性質	—	—	—	—

*p<.05，**p<.01，***p<.001，－表不顯著，其餘未列入表內的個人背景
變項，包括年齡、年資不具顯著預測效果。

　　由以上分析結果，可知在個別預測變項模式中，以教育程度對工具承諾的變異解釋量較高（3%），而在全部預測變項模式中，仍以教育程度變異解釋量爲最高（3%）。顯示就所有預測變項而言，以教育程度這個預測變項對工具承諾有最佳的預測能力，且爲負向關係，然而，解釋變異量並不高，只有3%。至於知覺價值觀、相關符合度及差距符合度的預測效果，則不是不顯著，就是更低。相對於組織認同的預測而言，此種現象極爲明顯。

2.對工作滿足與離職意願之預測

　　表五是各模式預測變項對工作滿足與離職意願之逐步迴歸分析結果。在工作滿足的預測方面，就強度模式而言，以知覺價值觀最高（21%），其次爲年齡（2%）；就相關模式而言，以相關符合度爲最高（26%），其次依序爲年齡（4%）、教育程度（1%）；就差距模式而言，以差距符合度爲最高（28%），其次依序爲年齡（2%）、教育程度（1%）；就全模式而言，以差距符合度爲最高（27%），其次依序爲相關符合度（5%）、年齡（2%）、教育程度（1%）。

　　由以上分析結果，可知在個別預測變項模式中，以差距符合度對工作滿足的變異解釋量較高（28%），而在全部預測變項模式中，仍以差距符合度的變異解釋量爲最高（27%）。顯示就所有預測變項而言，以差距符合度這個預測變項對工作滿足有最佳的預測能力，並具有負向關係。

　　在離職意願預測方面，就強度模式而言，以知覺價值爲最高

表五 各模式預測變項對工作滿足、離職意願之逐步迴歸分析結果

預測變項	工作滿足		離職意願	
	β	$\triangle R^2$	β	$\triangle R^2$
價值觀強度模式				
知覺價值觀	.45***	.21	−.40***	.20
年齡	.27**	.02	−.37***	.05
教育程度	—	—	.18**	.03
相關符合度模式				
相關符合度	.49***	.26	−.44***	.23
年齡	.23**	.04	−.33***	.06
教育程度	−.12*	.01	.21***	.05
差距符合度模式				
差距符合度	−.51***	.28	.43***	.23
年齡	.23***	.02	−.33***	.04
教育程度	−.13*	.01	.21***	.04
全部模式				
差距符合度	−.23*	.27	.15*	.23
相關符合度	.28***	.05	−.28***	.04
知覺價值觀	—	—	—	—
年齡	.23	.02	−.33***	.05
教育程度	−.11	.01	−.18***	.04

*p＜.05，**p＜.01，***p＜.001，－表不顯著，其餘未列入表內的個人背景變
項，包括性別、年資、工作性質亦不具顯著預測效果。

（20%），其次依序為年齡（5%）、教育程度（3%）；就相關模式而言，
以相關符合度為最高（23%）、其次依序為年齡（6%）、教育程度
（5%）；就差距模式而言，以差距符合度為最高（23%），其次依序為
年齡（4%）、教育程度（4%）；就全部模式而言，以差距符合度為最

高（23%），其次依序為年齡（5%）、相關符合度（4%）、教育程度
（4%）。

由以上分析結果，可知在個別預測變項模式中，以相關符合度及
差距符合度對離職意願的變異解釋量最高（23%），而在全部預測變項
模式中，則以差距符合度的變異解釋量為最高（23%）。顯示就所有預
測變項而言，以差距符合度這個預測變項對離職意願有最佳的預測能
力。此外，綜合對工作滿足與離職意願的預測，雖然知道知覺價值觀
與相關符合度也有不錯的效果，但以差距符合度最佳：當差距愈大
時，工作滿足愈低，而離職意願愈高。

3.對組織公民行為之預測

表六是各模式預測變項對組織公民行為之逐步迴歸分析結果。在
主動積極的預測方面，就強度模式而言，以知覺價值觀為顯著（6%），
其餘預測變項皆不顯著；就相關模式而言，以相關符合度為顯著
（5%）；就差距模式而言，以差距符合度為顯著（3%）；就全部模式
而言，以知覺價值觀為最高（6%），其次依序為差距符合度（2%）、
相關符合度（1%）。

由以上分析結果，可知在個別預測變項模式中，以知覺價值觀對
主動積極變異解釋量最高（6%），而在全部預測變項模式中，仍以知
覺價值觀的變異解釋量最高（6%）。顯示就所有預測變項而言，以知
覺價值觀這個預測變項對主動積極有最佳的預測能力。

在和睦相處的預測方面，所有的預測變項皆不具顯著的預測效

表六　各模式預測變項對組織公民行爲之逐步迴歸分析結果

預測變項	主動積極		和睦相處		工作操守	
	β	$\triangle R^2$	β	$\triangle R^2$	β	$\triangle R^2$
價值觀強度模式						
知覺價值觀	.22**	.06	—	—	.15*	.02
年齡	—		—	—	.19*	.04
相關符合度模式						
相關符合度	.21***	.05	—	—	.21***	.05
年齡	—		—	—	.17*	.04
差距符合度模式						
差距符合度	−.15*	.03	—	—	—	—
年齡	—		—	—	.19*	.05
全部模式						
知覺價值觀	.29**	.06	—	—	—	—
相關符合度	.21*	.01	—	—	.26**	.05
差距符合度	−.24*	.02	—	—	.22*	.01
年齡	—		—	—	.18*	.04

*p＜.05，**p＜.01，***p＜.001，－表不顯著，其餘未列入表內的個人背景變項，包括性別、年資、教育程度、工作性質亦不具顯著預測效果。

果。而在工作操守的預測方面，就強度模式而言，以年齡爲最高（4%），其次爲知覺價值觀（2%）；就相關模式而言，以相關符合度爲最高（5%），其次爲年齡（4%）；就差距模式而言，以年齡爲顯著（5%），其餘皆不具顯著效果；就全部模式而言，以相關符合度爲最高（5%），其次依序爲年齡（4%），差距符合度（1%）。

　　由以上分析結果，可知在個別預測變項模式中，以相關符合度及差距符合度預測變項模式中的年齡，對工作操守的變異解釋量爲最高

（皆為5%），而在全部預測變項模式中，則以相關符合度的變異解釋
量為最高（5%）。顯示就所有預測變項而言，以相關符合度這個預測
變項對工作操守有最佳的預測能力。

4.迴歸分析總結

綜合上述迴歸分析結果可以發現：

(1)在組織承諾方面，價值觀強度、相關符合度及差距符合度均對
　　組織認同具有良好的預測效果（解釋變異量分別為36%、20%
　　及28%），然而，對工具承諾的預測效果並不高或不顯著，解釋
　　變異量在2%以下，顯示組織價值觀與工具承諾的關係不大。至
　　於個人背景變項對組織承諾的預測，不管是組織認同或工具承
　　諾，其解釋變異量都不高，均在4%以下。

(2)在工作滿足與離職意願方面，價值觀強度、相關符合度、差距
　　符合度都具有良好的預測效果，解釋的變異量都在20%與28%
　　之間。至於個人背景變項則偏低，均在5%以下。

(3)在組織公民行為方面，除了對和睦相處不具顯著預測效果之
　　外，價值觀強度、相關符合度及差距符合度對主動積極與工作
　　操守均具有顯著預測效果，但解釋變異量並不高，在6%以下。
　　至於個人背景變項，只有年齡對工作操守具顯著預測效果，但
　　解釋變異量亦不高，在5%以下。

(4)從標準迴歸係數的數值來看，價值觀強度與相關符合度對正面
　　工作績效的指標均具有正向的預測效果，顯示當知覺價值觀的

強度、相關符合度越高,則員工個人的組織認同、工作滿足、主動積極及工作操守越高,而離職意願越低,至於差距符合度的效果則相反。

(5)從各模式或各變項的預測效果來看,顯然地,對組織認同與主動積極的預測,以知覺價值觀較佳;然而,對工作滿足與離職意願的預測,則以差距符合度較佳,亦即對不同工作效能效標變項的預測,不同的組織價值觀指標具不同的效果。

四、討論

以往的組織文化研究,大都側重在優勢文化對員工行為的影響,而忽略了員工對組織價值觀的期待、接受度以及認知歷程。所以本研究採取符合度 (相關符合度、差距符合度) 的概念,探討員工的知覺價值觀與期待價值觀之符合度對其行為的影響;此外,基於考慮強勢文化對員工行為的塑造作用,所以把知覺價值觀也納入考量,分別探討「相關符合度」、「差距符合度」以及「知覺價值觀」三變項與員工個人行為依變項的關係,並且檢定其對員工個人工作效能的預測能力,嘗試找出最佳的預測變項或模式,以便能正確預測員工的行為。

首先,由本研究的相關分析結果中,可知知覺價值觀與相關符合度及差距符合度皆有高相關,期待價值觀只與差距符合度成中度的相關,顯示員工若知覺到組織價值觀,則其個人符合度則愈高。因此,

組織若能展現強勢文化，則必能提昇員工個人與組織間的符合度。此外，知覺價值觀以及符合度皆與員工的個人行為依變項有顯著的相關，顯示知覺價值觀不但可透過符合度間接地影響員工，也可直接塑造員工個人行為。此研究結果與Deal與Kennedy（1982）在《塑造企業文化》書中所提及的概念相符合。Deal與Kennedy認為組織文化影響員工的行為表現，是塑造員工勤奮或懶散、嚴肅或友善、合群或孤獨的決定因素。因此，塑造一個強而有力的組織文化，應是組織管理者的首要目標。

其次，在「相關符合度」、「差距符合度」、「知覺價值觀」三者對個人工作效能依變項的預測力比較方面，依據逐步迴歸分析結果，可歸納為**表七**。在組織承諾方面，就組織認同而言，個別預測變項模式及全部預測變項模式皆以知覺價值觀的變異解釋量為最高，且分別佔其所在模式的92.30％及87.80％，因此以知覺價值觀單一預測變項來預測員工的組織認同是適宜的、可行的。就工具承諾而言，個別預測變項模式以教育程度的變異解釋量為最高，分別佔其模式的60％、50％及50％，全部預測變項模式的37.50％。

上述結果證實員工個人符合度確實與組織承諾依變項有關，此研究與丁虹（1987）、鄭伯壎（1992）、O'Reilly等人（1991）的研究結果一致。然而，本研究則更進一步發現了組織價值觀與組織認同（*或是規範承諾*）關係較為密切，而對工具承諾的預測力較低，可見組織文化所影響的是員工個人的組織認同，而非工具承諾；對內滋動機（intrinsic motivation）有較大的效果，而對外衍動機（extrinsic motiva-

表七　各模式預測變項對個人工作效能之預測效果

預測變項	組織認同	工具承諾	工作滿足	離職意願	主動積極	工作操守
價值觀強度模式						
知覺價值觀	.36		.21	.20	.06	.02
年齡			.02	.05		.04
性別	.01					
工作性質						
教育程度	.02	.03		.03		
整個預測模式	.39	.05	.23	.29	.06	.07
相關符合度模式						
相關符合度	.20	.01	.26	.23	.05	.05
年齡			.04	.06		.04
性別						
工作性質		.01				
教育程度	.40	.03	.01	.05		
整個預測模式	.26		.31	.34	.06	.10
差距符合度模式						
差距符合度	.28	.28	.23	.03		
年齡			.02	.04		.05
性別						
工作性質		.01				
教育程度	.03	.03	.01	.04		
整個預測模式	.32	.06	.32	.31	.03	.07
整體模式						
知覺價值觀符合度	.36	.02			.06	
相關符合度	.02		.05	.04	.01	.05
差距符合度			.27	.23	.02	.01
個人特徵						
年齡			.02	.05		.04
性別	.01					
工作性質						
教育程度	.02	.03	.01	.04		
整個預測模式	.41	.08	.35	.37	.10	.12

註：表內之數字代表各預測變項之變異解釋量。

tion）效果極微。這也證實了強勢組織文化具有規範員工行為的功能
（Caldwell *et al.*, 1990）。

　　第三、在工作滿足方面，個別預測變項模式以及全部預測變項模
式皆以差距符合度的變異解釋量為最高，且分別佔其所在模式的87.
50％及77.14％；在離職意願方面，個別預測變項模式以相關符合度及
差距符合度的變異解釋量最高，分別佔其所在模式的67.55％及74.
19％，而全部預測變項模式則以差距符合度的變異解釋量為最高，佔
其模式的62.16％。顯示符合度研究取向可以有效預測員工的工作滿足
與離職意願，此結果與O'Reilly等人（1991）的研究一致，但O'Reilly等
人只採用相關符合度的指標來做預測，本研究則進一步證實了差距符
合度的預測效果也不相上下，而且當兩者綜合起來做預測時，可以進
一步提高預測效果。

　　第四、在公民行為方面，就主動積極這個因素而言，個別預測變
項模式及全部預測變項模式皆以知覺價值觀的解釋量為最高，且分別
佔其所在模式的100％及60％；就工作操守這個因素而言，個別預測變
項模式以相關符合度以及差距符合度等預測變項模式中的年齡的變異
解釋量較高，分別佔其所在模式的50％及71.43％，而全部預測變項模
式則以相關符合度與年齡的解釋量較高，兩者的和為9％，佔全部預測
變項的75％。此結果顯示組織價值觀的強度與一致性能夠預測組織公
民行為的主動積極（或助人行為）與工作操守（或良心行為），這支持
了Organ（1988）的推論：即組織文化應該與組織公民行為具有某種程
度的相關，雖然效果不是很大。

第五、本研究亦發現知覺的文化價值觀對組織認同有較大的預測效果，而差距符合度則對工作滿足與離職意願有較大預測力，這說明了當公司具有強力的組織文化時，員工對組織的認同較高；然而，員工對工作是否滿意、是否想離職，則必須進一步考慮員工的期待，當個人的期望與實際組織價值差距大時，組織成員會感到不滿意，離職意願亦較高。這裡是否隱涵著：強勢組織文化與組織認同有較直接的關係；而價值觀一致性則與工作滿足、離職意願有較密切的關係。此一現象值得做進一步的探討，應可更清楚釐清組織文化強度與符合度的功能。

第六、除了組織價值觀強度、符合度與員工個人工作效能有密切關係之外，某些個人背景變項（如教育程度、年齡、工作性質等）也與個人工作效能有關，雖然預測效果並不大，此結果與O'Reilly等人（1991）以及Posner（1992）的研究發現並不一致：他們認為個人與組織價值觀的符合度是直接與工作態度或工作效能有關的，而不受個人背景因素的干擾與影響。原因何在？仍有進一步研究之必要。

根據上述結果，本研究的結果亦可提供未來研究的參考：首先，過去在掌握組織價值與個人價值契合的研究都採Q—分類（Q-sort）的方式來比較組織價值與個人價值的異同，並探討契合程度與員工效能的關係。本研究雖然沒有採Q—分類的作法，而採評定量表（rating scale）的方式，但是在指導語上仍遵循Q—分類的精神，要求受試者先評定最重要的組織價值，接著評定完全相反的組織價值；再評定第二重要的組織價值、最不重要的組織價值，餘此類推，應該能使受試者

針對組織價值間的重要性互作比較，而非拿此組織與其他組織做比較。獲得的結果，亦與過去的研究（如：O'Reilly *et al*., 1991）一致，顯示採用上述作法，仍可得到與Q─分類一樣的效果。由於此結果是一種間接的證據，未來的研究似乎可以組織價值爲對象，分別採用Q─分類、評定量表、李克特氏量表等不同方式，比較各種方法對組織價值測量的異同。

另一方面，從本研究的結果可以發現知覺的組織價值與符合度對組織認同、工作滿足、離職意願及組織公民行爲均具有預測效果，前者證明了卓越組織文化是存在的，組織文化的研究仍然可以採用普則性的研究途徑（nomothetic approach），找出對組織效能具有影響效果的組織文化或組織價值內涵；後者則反映了符合度研究途徑（congruency approach）的效用，兩種研究途徑並非是互斥、不並存的，而是具有互補效果的，因此，未來的組織文化研究，可以兼採此兩類研究途徑，先找出有效的組織文化內容，再探討此文化內容的期望─實際符合度，應可提高對各行業組織與個人效能的預測力。另外，兩種研究途徑對組織效能的預測，究竟是成加性效果（additive effect）或是乘積效果（multiplicative effect），亦值得探討。事實上，這種作法對傳統的普則研究途徑與權變研究途徑的爭論，應有一些啓發作用。

最後，綜合本研究與其他研究結果，大致可以發現組織價值觀的強度與符合度與組織效能或個人效能的關係頗爲穩定，關於組織價值觀強度爲何會與組織效能有密切的關係，Peters與Waterman（1982）在《追求卓越》（*In search of excellence*）一書中已有詳細的說明。至於符

合度與個人效能的關係，則仍舊缺乏精闢的理論來描述，當然，也許可以採用相似性說（similarity theory）來解釋：當互動的雙方具有類似價值觀時，較容易做人際互動、雙方能互相吸引、互相增強，並降低角色衝突或角色模糊，然而，眞正的機制（mechanism）何在，仍需做進一步的探討，這也是未來值得研究的一個重點。

最後，根據上述結果，本研究具有若干實用上的意義：

第一、員工之知覺價值觀與期待價值觀確實存在著顯著的差距，這種差距會影響員工的價值觀符合度，進而影響其工作效能。爲了縮小此差距，以提升組織效能，組織對於新聘的人員，可透過設計完善的招募與甄選過程，來選擇適合組織價值觀的員工。當員工新加入組織，則組織可透過社會化歷程，將核心價值觀灌輸給新進人員，使新進人員知曉、熟悉組織價值觀，進而與其一致。

第二、雖然社會化歷程主要用在新進人員身上，但也可以用來維持或更新組織的價值觀，尤其對忠誠度低或一致性程度低的員工。透過強力而密集的社會化歷程，可使成員提高價值觀一致性，因而能提升其工作效能。即使員工的期待價值觀與現行組織價值觀不一致，也可透過此種方式來減少不一致。

第三、可用儀式與典禮等溝通體系來強化員工對組織價值觀的知覺。任何儀式與典禮的背後都有一個隱涵的價值觀，例如從雇用、開革、升遷、頒獎、集會的安排、演講的方式、退休人員的退休餐會等，都可反應出組織的核心價值觀。因此，透過儀式與典禮的舉行，可增強員工對此核心價值觀的知覺，進而認同此核心價值觀，以便提升其

價值觀符合度，並進而提高工作效能。

參考文獻

丁　虹（1987）：〈企業文化與組織承諾之關係研究〉。國立政治大學
　　企業管理研究所博士論文（未出版）。

林淑姬（1992）：〈薪酬公平、程序公正與組織承諾、組織公民行為關
　　係之研究〉。國立政治大學企業管理研究所博士論文（未出版）。

鄭伯壎（1990）：〈組織文化價值觀的數量衡鑑〉。《中華心理學刊》，
　　32：31-49。

鄭伯壎（1992）：〈有效組織文化的探討：組織價值觀一致性與成員效
　　能的關係〉。行政院國家科學委員會專題研究計劃成果報告。

Barley, S. (1983). Semiotics and the study of occupational and organ-
　　izational cultures. *Administrative Science Quarterly, 28*: 393-413.

Barley, S., Meyer, G., & Gash, D.(1988). Cultures of culture: Academics,
　　practitioners, and the pragmatics of normative control. *Administra-
　　tive Science Quarterly, 33*: 24-60.

Bem, D., & Allen, A. (1974). On predicting some of the people some of
　　the time: The search for cross-situational consistencies in behavior.
　　Psychological Review, 81: 506-520.

Berger, P., & Luckmann, T. (1966). *The social construction of reality: A treatise in the sociogy of knowledge*. Garden city, New York: Doubleday.

Caldwell, D., & O'Reilly, C. (1990). Measuring person-job fit using a profile comparison process. *Journal of Applied Psychology*, 75: 648-657.

Cameron, K., & Freeman, S. (1989). Cultural congruence, strength, and type: Relationships to effectiveness. Presentation to the Academy of Management Annual Convention, August, Washington, DC.

Cascio, W. F. (1991). *Applied psychology in personnel management*. 4th ed. Englewood Cliffs, New Jersey: Prentice-Hall.

Chatman, J. (1989). Improving interactional organizational research: A model of person-organizational fit. *Academy of Management Review*, 14: 333-349.

Cooke, R. A., & and Rousseau, D. M. (1988). Behavioral norms and expectations: A quantitative approach to the assessment of organizational culture. *Group and Organization Studies*, 13: 245-237.

Davis, S. (1984). *Managing corporate culture*. Cambridge, MA: Ballinger.

Dessler, G. (1986). *Organization theory*. Englewood Cliffs, New Jersey: Prentice-Hall.

Deal, T., & Kennedy, A. (1982). *Corporate cultures*. Reading, MA: Addison-Wesley.

Denison, D. R. (1990). *Corporate culture and organizational effectiveness*.

New York: Wiley.

Edward, J. R. (1991). Person-job fit: A conceptual integration, literature review, and methodological critique. In *International Review of Industrial and Organizational Psychology.* C. L. Cooper & I. T. Robertson, eds. New York: Wiley.

Enz, C. (1986). *Power and shared value in the corporate culture.* Ann Arbor, MI: UMI.

Enz, C. (1988). The role of value congruity in intra-organizational power. *Administrative Science Quarterly, 33:* 284-304.

Geertz, C. (1973). *The interpretation of cultures.* New York: Basic Books.

Hofstede, G., Neuijen, B. Ohayv, D. D., & Sanders, G. (1990). Measuring organizational cultures: A qualitative and quantitative study across twenty cases. *Administrative Science Quarterly, 35:* 286-316.

Joyce, W., & Slocum, J. (1984). Collective climate: Agreement as a basis for defining aggregate climates in organizations. *Academy of Management Journal, 27:* 721-742.

Katz, D., & Kahn, R. L. (1978). *The social psychology of organization.* New York: Wiley.

Kluckhohn, C. K. M., & Associates (1951). Value and value organization in the theory of action: An exploration in definition and classification. In *Toward a general theory of action.* T. Parsons & E. A. Shils, eds. Cambridge, MA: Harvard University Press.

Lewin, K. (1951). *Field theory in socil science.* New York: Harper & Row.

Lofquist, L., & Dawis, R. (1969). *Adjustment to work.* New York: Appleton-Century-Crofts.

Louis, M. (1983). Organizations as culture-bearing milieux. In Organizational symbolism. L. Pondy, P. Frost, G. Morgan, & T. Dandridge eds. pp.186-218. Greenwich, CT: JAI Press.

Martin, J., & Siehl, C. (1983). Organizational culture and counterculture: An uneasy symbiosis. *Organizational Dynamics,* 12(1): 52-64.

Meglino, B., Ravlin, E., & Adkins, C. (1989). A work values approach to corporate culture: A field test of the value congruence process and its relationship to individual outcomes. *Journal of Applied Psychology,* 74(3): 424-432.

Mibkey, W. H. (1982). *Employee turnover: Causes, consequences, and control.* Reading, MA.: Addison-Wesley.

Morrow, P. (1983). Concept redundancy in organizational research: The case of work commitment. *Academy of Management Review,* 8: 486-500.

Mowday, R., Porter, L., & Steers, R. (1982). *Organizational linkages: The psychology of commitment, absenteeism, and turnover.* New York: Academic Press.

O'Reilly, C. A., & Chatman, J. A. (1986). Organizational commitment and psychological attachment: The effects of compliance, identification, and internalization on prosocial behavior. *Journal of Applied Psychology,* 71(3): 492-499.

O'Reilly, C. A., Chatman, J. A., & Caldwell, D. (1991). People and organizational culture: A profile comparison approach to assessing person-organization fit. *Academy of Management Journal,* 34(3): 487-516.

Organ, D. W. (1988). *Organizational citizenship behavior: The good soldier syndrome.* Lexington, MA.: Lexington.

Ott, J. S. (1989). *The organizational culture perspective.* Chicago: Dorsey Press.

Ouchi, W. (1981). *Theory Z.* Reading. MA: Addison-Wesley.

Ouchi, W., & Wilkins, A. (1985). Organizational culture. *Annual Review of Sociology,* 11: 457-483.

Parsons, T. (1951). *The social system.* New York: Free Press.

Peters, T., & Waterman, R. (1982). *In search of excellence.* New York: Harper & Row.

Podsakoff, P. M., Mackenzie, S. B., Moorman, R. H., & Fetter R. (1990). Transformational leader behaviors and their effects on trust, satisfaction, and organizational citizenship behavior. *Leadership Quarterly,* 1: 107-142.

Porter, L., Steers, R. Mowday R., & Boulian, P. (1974). Organizational commitment, job satisfaction, and turnover among psychiatric technicians. *Journal of Applied Psychology*, 59: 603-609.

Posner, B. Z. (1992). Person-organization valuse congruence: No support for individual differences as a moderating influence. *Human Relations* 45(4): 351-361.

Rokeach, M. (1973). *The nature of human values*. New York: Free Press.

Rousseau, D. (1990). Normative beliefs in fund-raising organizations: Linking culture to organizational performance and individual responses. *Group and Organization Studies*, 15(4): 448-460.

Rousseau, D. (1990) Assessing organizational culture: The case for multiple methods. In *Organizational climate and culture*. B. Schneider *et al.*, eds. pp.153-192. San Francisco: Jossey-Bass.

Sathe, V. (1985). How to decipher and change corporate culture. In *Gaining control of the corporate culture*. R. H. Kilmann, M. J. Saxton, & R. Serpa, eds. San Francisco: Jossey-Bass.

Schein, E. (1985). *Organizational culture and leadership*. San Francisco: Jossey-Bass.

Schneider, B. (1987). The people make the place. *Personnel Psychology*, 40: 437-453.

Smircich, L. (1983). Concepts of culture and organizational analysis. *Administrative Science Quarterly*, 28: 339-359.

Smith, C. A., Organ, D. W., & Near, J.P. (1983). Organizational citizenship behavior: its nature and antecedents. *Journal of Applied Psychol-*

ogy, 68: 653-663.

Steers, R. M., & Rhodes, S. R. (1987). Major influences on employee attendance: A process model. *Journal of Applied Psychology*, 63: 391-407.

Tom, V. (1971). The role of personality and organizational images in the recruiting process. *Organizational Behavior and Human Performance*, 6: 573-592.

Trice. H. M., & Beyer, J. M. (1984). Studying organizational cultures through rites and ceremonials. *Academy of Management Review*, 9: 653-669.

Wanous, J. P. (1977). Organizational entry: Newcomers moving from outside to inside. *Psychological Bulletin*, 87: 610-618.

Weick, K. E. (1987). Organizational culture as a source of high reliability. *California Management Review*, 29(2): 112-127.

Wiener, Y. (1988). Forms of value systems: A focus on organizational effectiveness and cultural change and maintenance. *Academy of Management Review*, 13(4): 534-545.

國家圖書館出版品預行編目資料

海峽兩岸之企業文化 / 王重鳴等作. -- 初版. -- 臺北
市：遠流, 1998 [民 87]
　　面；　公分. -- （海峽兩岸管理系列叢書；1）

ISBN 957-32-3591-9(平裝)

1. 企業管理 - 論文, 講詞等　2. 兩岸關係

494.07　　　　　　　　　　　　　　87012452